U0143059

页岩多孔介质孔隙结构

沈 瑞 徐 蕾 熊 伟 胡志明 熊生春 等 编著

科学出版社

北 京

内 容 简 介

页岩储层孔隙尺度分布范围非常广，从 1nm 以下到上百微米均有分布，页岩的储气能力与气体赋存状态均受孔隙发育特征控制。开展页岩气储集空间与微观结构特征的综合研究，对于科学评价页岩气赋存及开发条件具有重要意义。本书利用原子力显微镜、氩离子抛光—聚焦离子束扫描电镜、高压压汞—气体吸附全尺度孔径分布联合测试等实验手段，对页岩孔隙连通性、孔隙表面粗糙度、分形、孔径分布、固液之间黏附力进行综合研究，揭示我国典型页岩储层的孔隙结构特征。

本书可供油气田开发专业的本科生、研究生及从事油层物理与渗流力学研究工作的科技工作者阅读参考。

图书在版编目（CIP）数据

页岩多孔介质孔隙结构 / 沈瑞等编著. —— 北京：科学出版社，2024.6
ISBN 978-7-03-078985-3

Ⅰ．P618.130.2

中国国家版本馆CIP数据核字第20242RE720号

责任编辑：万群霞　崔元春 / 责任校对：王萌萌
责任印制：师艳茹 / 封面设计：无极书装

科学出版社 出版
北京东黄城根北街 16 号
邮政编码：100717
http://www.sciencep.com
北京建宏印刷有限公司印刷
科学出版社发行　各地新华书店经销
*
2024 年 6 月第 一 版　开本：720×1000　1/16
2024 年 6 月第一次印刷　印张：9 3/4
字数：199 000
定价：198.00 元
（如有印装质量问题，我社负责调换）

前　言

由于全球能源消费的快速增长和常规能源的快速消耗，常规油气资源已经无法满足能源要求。尤其随着北美水平井钻井技术和水力压裂技术的进步，页岩油气的开发步伐迅速加快。美国"页岩气革命"对国际天然气市场及世界能源格局产生重大影响，世界主要资源国都加大了页岩气勘探开发力度。"十二五"期间，我国页岩气勘探开发取得重大突破，成为除北美之外第一个实现页岩气规模化商业开发的国家。2012 年，国家发展和改革委员会、国家能源局在四川盆地及周缘批准设立了长宁-威远、昭通、涪陵 3 个国家级海相页岩气示范区。经过十几年的勘探开发实践，我国已经形成了页岩气富集高产理论、勘探开发六大主体技术和地质-工程一体化高产井培育方法，掌握了川南 3500m 以浅页岩气规模有效开发的理论和关键技术。目前，我国已经成立新疆油田吉木萨尔、大庆油田古龙、胜利油田济阳 3 个国家级油示范区。

虽然页岩油气工业发展迅速，但是流体在页岩储层中的渗流机理并没有完全明确。页岩储层具有复杂的油气层物理特征，如各种复杂的岩性和矿物组成、有机质组成、细小的孔隙形态、天然裂缝系统，这些特征都严重影响着流体物性。页岩储层中的流体流动评价应该考虑非达西流、吸附/脱附、流体渗流、纳米尺度孔隙中的相态特征变化、分子扩散及应力敏感性。

常规油气藏由烃源岩、储层、盖层、圈闭组成。在常规烃源岩中，一些碳氢化合物排出并运移到圈闭内的储层中。在页岩油气藏中，因为页岩的致密性，产生的碳氢化合物无法运移，页岩自己变成了储层。页岩是易裂的层状沉积岩，主要由黏土矿物颗粒组成。广义上来讲，页岩储层包含碎屑岩(石英、长石、云母)、碳酸盐岩(方解石、白云石、菱铁矿)、黏土矿物(蒙脱石、伊利石、高岭石)、黄铁矿及其他次要矿物。尤其是黑色页岩包含干酪根等有机质，是页岩油气的关键来源。

总有机碳(TOC)含量等于 0.5%通常被认为是烃源岩的下限或门槛。对于页岩油气藏，TOC 含量等于 2%被认为是获得商业产量的 TOC 含量最低下限，对于有些页岩油气藏，TOC 含量达到 10%～12%。根据干酪根的性质、元素含量、沉积环境，干酪根可分为Ⅰ、Ⅱ、Ⅲ、Ⅳ四类。研究干酪根类型对明确碳氢化合物的存储、滞留、排出具有重要意义。通常，页岩储层含有Ⅰ型和Ⅱ

型干酪根则生油，含有Ⅲ型干酪根则产气。热成熟度是页岩储层的另一个关键参数：镜质组反射率低于 0.65% 的热成熟度认为是低成熟，镜质组反射率在 0.6%~1.35% 通常生油；镜质组反射率高于 1.5% 为过成熟，将生湿气或干气。非常规页岩储层因为具有各种岩性、矿物组成和有机质颗粒，所以具有复杂的孔隙几何形状。页岩储层的孔隙网络包括有机质孔、无机质孔、天然裂缝系统。有机质孔可以分为主要有机质孔和次要有机质孔，次要有机质孔分为泡状有机质孔和海绵状有机质孔，无机质孔可分为粒间孔和粒内孔。页岩孔隙尺寸可从纳米级到微米级，孔隙几何形状的复杂性和裂缝网络极大地影响着页岩储层中碳氢化合物的性质。明确页岩的微观孔隙结构和宏观地质特征是分析页岩储层输运的先决条件。

沈瑞、熊伟和徐蕾负责制定本书的指导思想及全书的统稿、定稿工作。本书前言、第一章、第二章由熊伟和胡志明撰写，第三章和第四章由熊生春、杨航和任惠琛撰写，第五章、第六章由沈瑞和徐蕾撰写。中国科学院大学研究生姜柏材、张晓祎、刘朋志、杨懿、邵国勇、王国栋、余昊、谭凌方、徐锐、董庆浩等为本书的出版做了大量的实验工作和资料整理工作，在此一并表示感谢。

由于经验和水平有限，书中难免有不妥之处，敬请读者批评指正。

作　者

2023 年 5 月

目　录

第一章　国内外典型页岩油气藏开发简况

第一节　页岩气藏开发进程

页岩气(shale gas)是指在富含有机质、成熟的暗色泥页岩或高碳泥页岩中由于有机质吸附作用,储集和保存的生物成因、热解成因及二者混合成因的天然气。其可以以游离态存在于天然裂缝和孔隙中,或以吸附态存在于干酪根、黏土颗粒表面,还有极少量以溶解态储存于干酪根和沥青质中。游离气比例一般在20%～85%,需要人工改造才能释放出工业性天然气,故页岩气藏又称"人工气藏",具有初期产量较高、衰减快,后期产量低,开采时间较长的特点。

以页岩气为代表的非常规油气资源的成功商业化开采,是全球油气工业理论技术的又一次创新与跨越。美国页岩气的高速发展引起美国能源、制造业、运输业的系列变革,已经被定义为一场"页岩气革命"。通过"页岩气革命",美国油气对外依存度不断下降,全球能源格局正发生着深刻变化。美国页岩气产量(图 1-1)在 2010～2022 年增长了 7 倍左右。2022 年北美页岩气平均月产量为 771.5 亿 m³,同比增长 3.76%,发展势头强劲[1]。页岩气超过煤层气、致密砂岩气、致密油(tight oil)、油砂,成为第一大非常规油气资源。

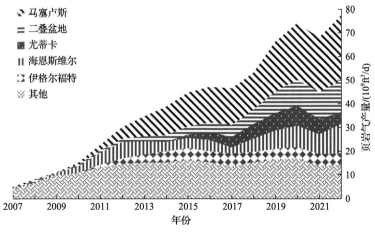

图 1-1　美国页岩气历年产气量[来源于美国能源信息署(EIA)]

1ft=3.048×10⁻¹m

此外,加拿大从 2000 年开始重点针对 11 个盆地(地区)开展页岩气研究,根据国际能源署(IEA)的数据,截至 2023 年,加拿大已探明天然气储量达 2.2 万亿 m^3。欧洲有多个国家正在开展页岩气勘查,主要集中在英国、波兰、德国、法国、挪威、乌克兰、罗马尼亚、奥地利和瑞典。德国、法国和瑞典的部分企业已经着手页岩气商业性勘探开发。

阿根廷是拉丁美洲最大的页岩气生产国之一。阿根廷的内乌肯盆地瓦卡穆埃尔塔页岩区带石油产量占阿根廷产量的一半左右,天然气产量约占阿根廷产量的 60%。

近年来,中国在页岩气勘探开发方面取得重大突破,成为除北美之外第一个实现规模化商业开发的国家。

20 世纪 90 年代我国逐步开展与页岩气相关的研究工作。自 2004 年以来国土资源部(现称为自然资源部)油气资源战略研究中心开始开展对页岩气资源的调查评价工作,2009 年启动"全国页岩气资源潜力调查评价及有利区优选(2009—2011)"项目,以川渝黔鄂地区为主,兼顾中下扬子地区和北方地区,开展页岩气资源调查,在重庆市彭水苗族土家族自治县实施了我国第一口页岩气资源战略调查井——YY1 井,优选页岩气远景区;2010~2012 年,组织开展了全国页岩气资源潜力调查评价及有利区优选,公布中国页岩气地质资源量为 134.43 万亿 m^3,可采资源量为 25.08 万亿 m^3,同时开展了川渝黔鄂页岩气资源调查先导试验区建设工作。

2012 年 4 月长宁地区 N201-H1 井五峰组—龙马溪组测试获日产页岩气 15 万 m^3,同年 11 月中国石油化工集团有限公司(简称中国石化)在川东南涪陵焦石坝地区 JY1HF 井五峰组—龙马溪组测试获日产页岩气 20.3 万 m^3,拉开了我国页岩气商业化开发的序幕。截至 2016 年底,中国页岩气勘探开发已完成二维地震 24760km,三维地震 4013km^2,钻井 1161 口。在四川盆地形成了涪陵、威远、长宁、昭通 4 个页岩气商业化开发区,页岩气储量、产量快速增长。页岩气产量从 2012 年的 2500 万 m^3 增长到 2020 年底的 200.4 亿 m^3,使中国成为世界第二大页岩气生产国[2]。

与北美页岩气成功进行商业化开采的盆地相比,我国页岩气田地层老、热演化程度高、构造改造强、地表条件复杂,页岩气开发缺乏成熟的、可借鉴的技术与经验。通过勘探开发实践,我国页岩气开发在立足自主创新和引进消化再创新的基础上,先后提出复杂构造区海相页岩气"二元富集"规律、"构造型甜点"和"连续型甜点"页岩气富集模式等认识,从无到有,创新形成了本土化的"沉积成岩控储、保存条件控藏、I 类储层连续厚度控产"的"三控"页岩气富集高产理论,创新建立了适合我国南方多期构造演化的海相页岩气勘探开发的六大主体技术-综合地质评价技术、开发优化技术、水平井优快钻井技术、水平井体积压裂技术、丛式井工厂化作业技术及高效清洁开采技术，掌握了川南 3500m 以浅页岩气规模有效开发的理论和关键技术，有效支撑了国家级页岩气示范区产能建设，为加快中国页岩气开发奠定了坚实的基础(图 1-2)。

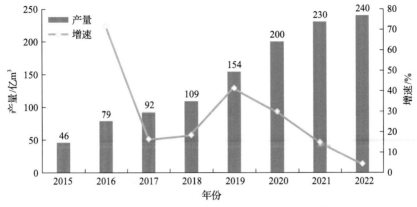

图 1-2　2015～2022 年我国页岩气产量及增速[3]

第二节　页岩油藏开发进程

　　页岩油(shale oil)是近年来逐渐兴起的非常规油气资源，是继页岩气后又一对美国油气工业乃至世界能源产生重要影响的能源矿产。人们通常将美国页岩气和页岩油的产业发展称为"页岩革命"。

　　国际上很早就有页岩油的概念，但随着理论和技术的不断发展，关于页岩油本身的认识也逐渐提高，其概念也赋予了更多的内涵和外延。因此，当前国内外针对"页岩油"的概念仍然没有统一公认的说法，国内学者针对英文单词中 shale oil 的理解也还存在一定的争议。综合国内外行业实践和科学研究，页岩油在概念上可以概括为以下三种情况。

　　在广义上，页岩油是泛指蕴藏在泥页岩层系中具有低孔隙度和渗透率的石油资源，在储层上包括了页岩、砂岩和碳酸盐岩等不同类型的致密岩层，与致密油的概念较为相近。广义概念最大的特点在于页岩油的储集和产出层位也不单单为页岩层位，而是含有页岩、砂岩、碳酸盐岩等泥页岩层系，也称为复合型页岩。这个概念主要起源于美国油气行业，可以视为非常规石油资源的统称，在美国能源信息署、美国地质调查局(USGS)及各类油气公司等的报告中，一般将页岩油和致密油作为相同的概念使用。

在狭义上，页岩油和致密油是两种储集于不同类型岩石地层中的非常规石油资源。一般习惯于使页岩油与页岩气的概念相一致，储层限定于泥页岩，具有烃源岩和储层同层的特点。同样地，致密油则对应于致密气(tight gas)，二者被认定为是除页岩之外的致密储层(如粉砂岩、砂岩、灰岩和白云岩等)的石油和天然气资源。这种油气资源的分类体系及页岩油概念的使用在学术研究中较为普遍。

从美国油气行业的发展历史来看，页岩油的首次出现与油页岩(oil shale)密切相关，最初的定义是指通过加工油页岩生产的石油，也称干酪根石油(kerogen oil)或油页岩石油(oil-shale oil)，具体的生产工艺流程是通过油页岩的热解、加氢或热液溶解作用从油页岩中提炼得到一种非常规石油资源。这种概念仅在油页岩刚刚兴起时被使用过，后期在行业和学术界的认可度很低，没有延续下去，目前也基本停止使用。

从国内外针对美国页岩油的学术研究及行业报告的情况来看，一般采用广义的页岩油概念，即页岩油与致密油概念相一致。美国页岩油勘探开发的实践也证明，一些热点页岩油产区的石油产量不仅仅由单独的页岩层位贡献，而是由泥页岩层系的多个层位共同保障，单独对页岩本身进行石油勘探开发不仅不符合地质规律，而且没有技术可行性和经济价值。

在美国北达科他州威利斯顿(Williston)盆地的巴肯(Bakken)组页岩油区带内，不仅有基于含裂缝页岩石油资源，还分布了以 Bakken 组中段白云质砂岩储层组碳酸盐岩为代表的贫有机质层段与富有机质层段叠置的复合页岩石油资源。上述情况在中蒙大拿(Central Montana)盆地、伊格尔福特(Eagle Ford)盆地都是普遍存在的。

基于调研报告的实际需求，为了统一概念便于后续的分析研究，本书中后续所提出的页岩油，均遵循美国能源信息署、美国地质调查局关于页岩油的广义概念。

第三节　全球页岩油资源概况

据美国能源信息署的资源评价结果，全球页岩油技术可采资源总量约2512亿 t，从地区分布来看，主要集中在北美、南美和亚洲；从层系分布来看，70%以上的页岩油发育在海相沉积的页岩层系中，陆相页岩层系主要发育在亚洲地区(图1-3)。截至 2023 年，中国页岩油技术可采储量排名全球第三，约 320 亿 bbl[①]。

———————

① 1bbl=1.58987×10²dm³。

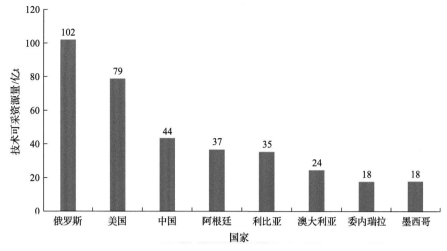

图 1-3　全球页岩油技术可采资源量统计图[4]

美国目前多个页岩区带具有页岩油勘探开发潜力，从区域位置来看，美国页岩油区带主要分布在 5 个地区，分别为西海岸地区、落基山地区、墨西哥湾沿岸地区、西南地区和中陆地区，主要发育于圣华金(San Joaquin)盆地、洛杉矶(Los Angeles)盆地、Williston 盆地、丹佛(Denver)盆地、粉河(Powder River)盆地、比格霍恩(Big Horn)盆地、马弗里克(Maverick)盆地、圣马科斯(San Marcos)凸起、东得克萨斯(East Texas)盆地、二叠(Permian)盆地、沃思堡(Fort Worth)盆地和阿纳达科(Anadarko)盆地等。

美国页岩油文献中所描述的"页岩油"为广义"页岩油"，既包括富集在富有机质泥页岩(生油岩)中本身的石油，也包括富集在毗邻生油岩夹层或互层中的石油，但这些夹层或互层必须与生油岩紧密接触，其中的原油仅有短距离二次运移而无三次运移，且应与泥页岩中的页岩油一样，具储层致密、有无边(底)水、连续分布等非常规油气特点。因此，根据岩性组合特点可将页岩油大致分为三类：纯页岩型页岩油、夹层型页岩油和混积型页岩油。

一、纯页岩型页岩油

纯页岩型页岩油指产油层主要是泥页岩本身的页岩油。该类页岩油按照页岩性质又可划分为致密型和裂缝型页岩油。致密型页岩可以是裂缝不发育的页岩，也可以是裂缝发育但后期被胶结物填充而无开口裂缝的页岩[如巴尼特(Barnett)页岩]，储集空间主要为基质孔隙。

该类页岩油的开发相对困难，只有达到相对较高的含油率时才可能具有工业开发价值。目前已形成工业产能的基质型页岩油的实例还相对较少，Fort Worth(前陆)盆地中含油的 Barnett 页岩可作为该类页岩油的重要代表。

二、夹层型页岩油

夹层型页岩油源储分离、近源运移。鄂尔多斯盆地长 7 段发育典型的夹层型页岩油，纵向上可划分为上甜点(长 7_1)、中甜点(长 7_2)和下甜点(长 7_3)。上、中甜点段为泥页岩夹多期薄层粉细砂岩的岩性组合，下甜点主要由暗色泥岩、黑色页岩组成。TOC 含量为 3%～14%，烃源岩成熟度(R_o)为 0.6%～1.2%，处于生油窗阶段。

三、混积型页岩油

混积型页岩油指产油层主要为毗邻生油岩的夹层或互层的页岩油。混积型页岩宏观上源-储一体，微观上源-储分离。该类页岩油的页岩有机质丰度高，已有大量烃类生成，但一般厚度较小、脆性矿物含量较低。当有厚度大、脆性矿物含量高的夹层或互层与之相毗邻时，烃类则可以短距离运移至其中，此时这些夹层或互层就成为钻探开发的目的层段。根据夹层或互层的岩性不同，混积型页岩油还可划分为砂岩混积型(美国 Bakken 页岩)、粉砂岩混积型(我国吉木萨尔芦草沟组页岩)、碳酸盐岩混积型[Eagle Ford 页岩、奈厄布拉勒(Niobrara)页岩]等多种类型。

参 考 文 献

[1] EIA. Dry shale gas production estimates by play[EB/OL]. (2022-12-22)[2023-06-20]. https://www.eia.gov/naturalgas/data.php#production.

[2] 刘红磊, 周林波, 陈作, 等. 中国石化页岩气电动压裂技术现状及发展建议[J]. 石油钻探技术, 2023, 51(1): 1-12.

[3] 华经情报网. 2020 年中国页岩气开发利用现状分析, 国内产量突破 200 亿立方米[EB/OL].(2022-01-21)[2023-06-20]. https://www.sohu.com/a/518110173_120113054.

[4] EIA. Oil and gas supply module[R]. Washington, D. C.:U.S.Energy Information Administration, 2019.

第二章　页岩孔隙度

评估页岩气储层时，孔隙度是预测整个目标区域储层天然气含量的最基本参数之一，一个较小的误差都将影响其经济开发，因此，孔隙度的准确测量至关重要。常规孔隙度测试方法直接应用于页岩样品分析时，误差较大，需要提出针对页岩特征的新的测试方法。

第一节　孔隙度测试方法

目前，实验室孔隙度测试方法主要基于阿基米德原理或玻意耳定律，具体实验方法包括液体饱和法和气体膨胀法，因无法完全排除黏土吸水膨胀作用，液体饱和法较少用于页岩孔隙度的测试；气体膨胀法因操作简单、快速，成本低，是目前孔隙度测试的主要方法。气体膨胀法实验过程简化如下：如图 2-1 所示，假设容器体积为 V_1，岩心外观体积为 V_s，初始时刻，气体未开始向岩心渗流，环境压力为 P_1，岩心中压力为大气压 P_0；t 时刻，岩心中的孔隙压力为 P_2'，容器压力为 P_2，则孔隙体积计算式为

$$V_p = \frac{V_1(P_1 - P_2)}{P_2'} \tag{2-1}$$

岩心中的孔隙压力 P_2' 为不可测试参数，现有商业测试仪器中，设定压力 P_2 在 3s 内下降低于 0.01psi[①]时，孔隙内外压力达到平衡，满足等式 $P_2' = P_2$。对

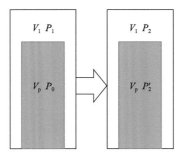

图 2-1　气测孔隙度示意图

V_p-岩心孔隙体积

---

① 1psi=6.89476×10³Pa。

砂岩等这类常规岩心，平衡时间为 1min 时，满足等式 $P'_2 = P_2$；但对于页岩这类非常致密的岩心，需要进一步验证该设定条件下是否满足 $P'_2 = P_2$。通过研究孔隙内密度随时间的变化关系，研究页岩测试条件，给出页岩测试规范。

第二节 热力学平衡方程

对于页岩这类致密多孔介质，其孔隙形态大多不规则，其中以轻微不规则的椭圆形最为常见。为便于分析，假设页岩样品由孔径不等的毛细管构成，孔容分布由毛细管数量控制，气体在毛细管建立热力学平衡过程中，所有毛细管几乎同时参与气体流动，因此只需要分析单根毛细管热力学平衡建立过程即可。孔隙度测试过程中，除去岩心孔隙以外的空隙 (V_1-V_s) 远远大于岩心孔隙体积 V_p，建立平衡前后，压力值 P_1 与 P_2 变化不大，该压力值的变化对孔隙内建立热力学平衡影响较小，为降低建立热力学平衡方程的难度，将环境压力(密度)近似为常数，下面推导单根毛细管气体压力与时间的变化规律，进而用它分析并建立页岩孔隙度测试方法。

为建立热力学平衡方程，做以下假设：①将测试气体视为理想气体，满足理想气体状态方程；②孔隙内外没有温度梯度场。

第二个假设使方程满足单一变量，气体在孔隙中的扩散只是由密度差引起，无热扩散。设毛细管孔径为 r，孔隙内测试气体密度为 ρ_1，该孔径控制的孔隙体积为 V，周围环境密度为 ρ_0，压力为 P，环境温度为 T，则孔隙内满足质量守恒方程：

$$V \frac{\partial \rho_1}{\partial t} = \pi r^2 J \tag{2-2}$$

式中，J 为通过单位面积的质量通量，$kg/(m^2 \cdot s)$。气体在孔隙中的流动是由两种不同机理共同作用的结果，一是压力差作用(渗流)，二是扩散作用。2007年 Javadpour[1]建立了气体在纳米孔隙中的传质运动方程：

$$J = J_D + J_V \tag{2-3}$$

式中，J_D 为扩散质量通量；J_V 为渗流质量通量。

2003 年，Roy 等[2]通过分析 Ar、N_2、O_2 对氧化铝过滤膜的扩散实验建立了纳米孔隙中的扩散方程：

$$J_D = -\frac{MD}{RT} \cdot \frac{\Delta P}{L} \tag{2-4}$$

气体渗流质量通量可由哈根-泊肃叶(Hagen-Poiseuill)公式表示:

$$J_V = -\frac{r^2\rho}{8\mu}\cdot\frac{\Delta P}{L} \tag{2-5}$$

式中,M 为分子摩尔质量;D 为扩散系数;R 为绝对气体常数;T 为环境温度;ΔP 为通过过滤膜的压力差;r 为毛细管孔隙半径;μ 为气体动力黏度;ρ 为岩心周围环境密度;L 为渗流长度。

将式(2-3)、式(2-4)和式(2-5)代入式(2-2)中,考虑理想状态方程,求解微分方程可得

$$\rho_0 - \rho_1 = Ae^{-\left(D+\frac{\rho_0 RTr^2}{8\mu M}\right)\frac{\pi r^2}{V_t L}t} \tag{2-6}$$

式中,t 为气体平衡时间。

当 $t=0$ 时,扩散还未开始,孔隙内测试气体密度 $\rho_1 = 0$,当 $t=\infty$ 时,$\rho_1 = \rho_0$,可知 $A = \rho_0$,代入式(2-6)得

$$\rho_1 = \rho_0\left[1-e^{-\left(D+\frac{\rho_0 RTr^2}{8\mu M}\right)\frac{\pi r^2}{V_t L}t}\right] \tag{2-7}$$

式(2-7)即孔隙内密度(压力)与时间的关系,由此即可知孔隙内外建立热力学平衡所需时间。假设半径为 r、喉道控制的孔隙体积 $V_t = \pi r^2 L$(L 为渗流长度),则式(2-7)可简化为

$$\rho_1 = \rho_0\left[1-e^{-\left(D+\frac{\rho_0 RTr^2}{8\mu M}\right)\frac{1}{L^2}t}\right] \tag{2-8}$$

式(2-8)即毛细管热力学平衡方程。对于多孔介质,渗流长度通常为样品外观尺度和迂曲度的乘积。由式(2-8)可知,影响孔隙内部与外界气体状态达到热力学平衡的因素可以分为三类:第一类为反映测试介质本身的性质,如黏度、扩散系数;第二类为测试样品的固有性质,如孔径、迂曲度;第三类为测试条件,如压力、温度、外观尺寸等。

第三节 毛细管热力学平衡方程应用

一、影响因素分析

现有孔隙度测试标准中,选取氦气作为测试气体,第一类测试参数不可改

变；第二类测试参数反映的是储层孔隙结构特征，也不可改变；为改变建立热力学平衡时间，只有通过调整第三类测试参数实现。为方便分析测试参数对平衡时间的影响，假设孔隙内气体密度为外界密度的 99% 即达到热力学平衡。图 2-2 为喉道半径与平衡时间的关系图，分析可知，增加压力对不同喉道半径的平衡时间的影响差异较大，喉道半径小于 1nm 时，当压力从 50psi 增大至 300psi 时，平衡时间仅减少 19%，而当喉道半径为 25nm 时，平衡时间减少 80%，可知对于纳米孔隙发育的页岩，通过增大测试压力对加快热力学平衡方程的建立效果较差；对比增压，减小渗流长度对减少平衡时间效果更为显著，渗流长度（粒径）为 0.5cm 的颗粒所需平衡时间仅为渗流长度（粒径）为 1cm 的 25%。通过以上分析，页岩孔隙度测试建议采用颗粒测试，粒度大小还需进一步分析。

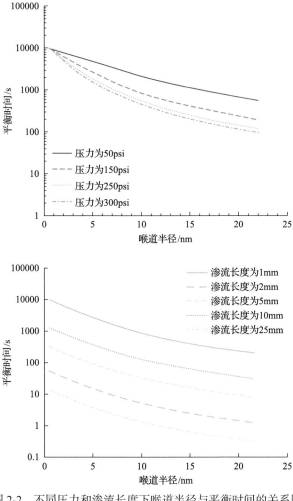

图 2-2 不同压力和渗流长度下喉道半径与平衡时间的关系图

二、实验验证

热力学平衡方程反映的是孔隙中气体密度的变化规律。为通过该方程反映孔隙度变化规律，我们结合样品的全尺度孔径分布，研究孔隙度随测试时间的变化规律，计算公式为

$$\phi(t) = \sum_{r=0}^{\infty} \omega_r \rho_r / 100 \qquad (2\text{-}9)$$

式中，$\phi(t)$ 为相对孔隙度，是指 t 时刻测得的孔隙度值与真实孔隙度的比值；ω_r 为半径为 r 的孔隙所占总孔隙的百分数；ρ_r 为在 t 时刻半径为 r 的孔隙度中气体密度与环境密度的比值。

图 2-3 和图 2-4 分别为页岩孔容分布图和孔隙中相对密度变化图。由图 2-4 可知，当常规孔隙度测试时间为 300s 时，孔径小于 15nm 的孔隙未能完全反映，其中孔径小于 5nm 的孔隙体积低估值超过 60%。为验证用该方法评价页岩孔隙度测试的实用性，选择了 3 块岩心，分别测试其孔隙度值随测试时间的变化关系，结合页岩孔容分布和热力学平衡方程计算模拟孔隙度随时间的变化关系，实验结果如图 2-5 所示。

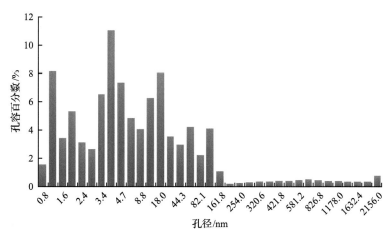

图 2-3　页岩孔容分布图

由实验结果可知：

（1）模拟测试孔隙度随时间的变化规律和实验结果较好吻合，证明热力学平衡方程较好地反映了孔隙内气体密度的变化规律。通过分析热力学平衡方程的平衡时间，可以为测试页岩孔隙度提供方法。

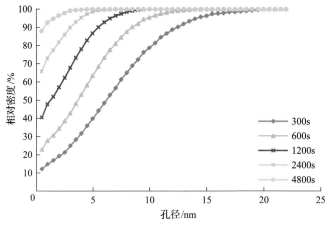

图 2-4 相对密度变化规律

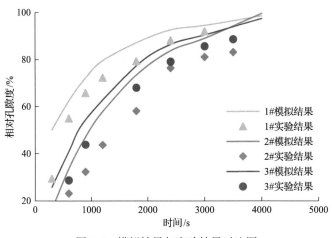

图 2-5 模拟结果与实验结果对比图

（2）所选择的 3 块样品平衡时间均约 50min，远大于常规分析时间 5min，说明常规分析方法远远不能满足页岩样品的测试分析，统计两个时刻的孔隙度值发现，常规分析结果均值为 1.03%，延长测试时间后实验结果均值为 3.07%，常规分析结果偏小，前者仅为后者的 33.55%。

三、改进页岩孔隙度测试方法

为确定孔隙度测试方法，选择了微孔孔容所占较大和较小岩心各 2 块，且微孔和介孔总孔容所占百分数均超过 75%。分别模拟粒径不同时分析时间和测试时间不同的样品粒径，给出一个页岩样品测试规范。根据相对孔隙度值和分析时间，反推样品的粒径大小，分析结果见表 2-1。

表 2-1　页岩孔隙度分析规范表

编号	微孔百分数/%	限定渗流长度的分析时间/s		限定分析时间的渗流长度/cm	
		2.5cm	3.8cm	300s	600s
1#	10.62	3426	7900	0.37	0.52
2#	25.93	5000	11700	0.30	0.43
3#	20.68	4000	9000	0.34	0.48
4#	12.38	3500	8000	0.36	0.51

从表 2-1 中可以发现，对于规则样品，微孔越多，孔隙度测试时间越长，差异越大；当限定分析时间时，4 块样品的粒径差异较小，微孔越多，粒径越小。综上所述，直径为 2.5cm 的规则岩心样品，分析时间建议 4000s 左右，直径为 3.8cm 的规则岩心样品分析时间建议在 9000s；相对于通过延长分析时间减小分析样品颗粒大小更为可行，建议样品粒度或薄片厚度不超过 0.3cm。

参 考 文 献

[1] Javadpour F. Nanopores and apparent permeability of gas flow in mudrocks(shales and siltstone)[J]. Journal of Canadian Petroleum Technology, 2009, 48(8):16-21.

[2] Roy S, Raju R, Chuang H F, et al. Modeling gas flow through microchannels and nanopores[J]. Journal of Applied Physics, 2003, 93(8): 4870-4879.

第三章 页岩微观结构表征方法简介

页岩是一种复杂的多孔介质，孔隙尺度分布从不足 1nm 到上百微米，孔隙网络的发育程度影响着页岩中气体的储集和渗流，研究页岩孔隙结构特征对页岩气资源评估与开发规律评价具有重要意义。目前，页岩孔隙结构的研究方法主要分为基于图像观测的孔隙结构定性或半定量分析方法和基于孔径分布测试的定量表征方法。由于页岩的矿物组成和孔隙结构复杂，用常规扫描电镜观察其孔隙、裂缝、有机质等结构时往往会出现相同的图像效果，不能反映页岩的真实微观结构，需要采用精度更高的仪器分析设备，如高分辨率的聚焦离子束扫描电镜（FIB-SEM）、场发射扫描电镜（FESEM）、透射电子显微镜（TEM）、原子力显微镜（AFM）、小角 X 射线散射（SAXS）、计算机断层扫描（CT）等，同时结合能谱仪（energy dispersive spectrometer, EDS）或背散射电子（BSE）图像还可以得到不同矿物成分的三维分布图像，观测泥页岩孔隙的三维分布特征。页岩孔隙结构不同评价方法的尺度范围和表征特点如图 3-1 所示。

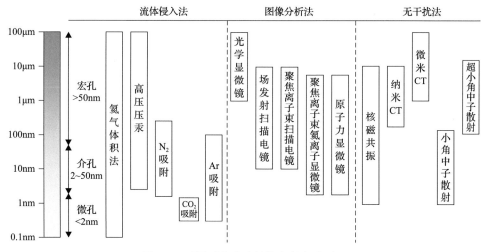

图 3-1 不同页岩孔隙结构表征方法对比

聚焦离子束扫描电镜精度高，能够观测到纳米级孔隙，但只能提供二维图像，虽然可以通过专业软件重构三维图像，但是由于需要在样品表面镀金膜或碳膜，难以观测到孔隙之间的喉道。高精度 CT 对样品可以进行无损扫描，最高精度可以达到 300～500nm，但是受到设备限制，扫描精度越高，样品扫描视域越小。小角 X 射线散射是区别于 X 射线大角衍射的结构分析方法。利用 X 射线照射样品，可分析测定粒度在几十纳米以下的超细粉末粒子和各种材料中所形成的纳米级微孔。小角中子散射(small angle neutron scattering，SANS)是一种利用低散射角处弹性中子散射研究不同物质内部介观尺度(1nm 至数百纳米)结构的实验技术。小角中子散射在许多方面与小角 X 射线散射类似。小角中子散射的技术优势在于其对轻元素的敏感、对同位素的标识以及对磁矩的强散射。原子力显微镜具有无损检测、无须镀金属膜的优点，能够提供真正的三维表面图。与电子显微镜需要在高真空条件下运行不同，原子力显微镜在常压下甚至在液体环境下都可以良好工作，可以观测页岩真实状态下的三维样貌，并且可以显示微米级孔隙、纳米级孔隙之间通过较细小喉道联络成的孔隙网络。其缺点在于成像范围太小，受探针的影响较大。

页岩常用的孔径分布定量表征方法有高压压汞、N_2 吸附、CO_2 吸附以及核磁共振等。高压压汞的压力最高可达 60000psi，对应的孔隙半径约为 4nm，然而由于页岩孔隙结构复杂、孔隙形状多样、微孔发育等，测试过程中进汞饱和度通常较低，无法分析大多数的孔隙，同时高压可能会导致孔隙结构发生变形和破坏。N_2 吸附依据气体在固体表面的吸附规律测定固体比表面积和孔径分布，按照毛细凝聚理论和 Barret-Joyner-Halenda(BJH)模型，N_2 吸附曲线可测定的孔径范围是 2～200nm。而对于孔隙小于 2nm 的微孔隙，采用 CO_2 气体在 0℃(冰水浴)下的等温吸附法测定，进而通过密度泛函理论(DFT)模型可以计算孔径分布，测试孔径范围是 0.35～2nm。核磁共振法根据岩石饱和单相流体的核磁共振 T_2 谱反映其孔隙内部结构，并通过孔径与其中流体的弛豫时间 T_2 的关系来获得孔径分布。其优势在于基本不受骨架成分影响，可获得较准确的岩层孔隙度及孔径分布，但是局限性在于弛豫时间 T_2 与孔径尺寸的关系一般依靠经验关系，无法有效表征不同多孔介质的差异性。

第一节　聚焦离子束扫描电镜

聚焦离子束扫描电镜通过离子束对材料进行刻蚀，同时配合扫描电镜进行实时定位与观察，具有束流稳定、分辨率高、纳米操控精确的特点，可以在纳米尺度上对材料开展三维形貌、晶体结构和微区化学成分的定性或定量分析研究，是纳米加工的代表性方法，广泛应用于二维与三维表征、纳米加工、透射电镜制样与三维重构等方面。

聚焦离子束系统是用聚焦离子束代替扫描电镜及透射电镜中所用的质量很小的电子作为仪器光源的显微分析系统，提供了一种研究页岩纳米级孔隙结构的新方法。该技术使用离子束对样品进行连续切割，同时在电子束下成像，不仅具有较高的分辨率，还避免了制样过程中产生人造孔隙，能够真实地还原页岩中孔隙的三维结构特征。

利用扫描电镜可以直观观察泥页岩孔隙的微观结构，包括孔隙的大小、形态、发育程度等。观测微米级孔隙时采用常规方法制作样品，然后用扫描电镜直接观察，而孔径小于100nm的纳米级孔隙，需要用氩离子抛光的方法对预磨好的样品表面进行处理，除去样品表面凹凸不平的部分及附着物，得到一个非常平的表面，然后通过扫描电镜观察纳米孔隙的大小、形状、分布特征等。

一、测试原理

聚焦离子束扫描电镜是一种双束设备，在一个系统中包含了一个倾斜聚焦离子束和一个垂直扫描电子束，其中离子束用于切割，电子束用于成像。聚焦离子束是一种既能进行成像也能实现微纳米尺度上精准切割的显微仪器。在液态金属离子源顶端外加电场，可使液态金属形成细小尖端，再加上负电场牵引尖端的金属，从而导出离子束。然后通过静电透镜聚焦，经过一连串可变化孔径可决定离子束的大小，而后通过八极偏转转置及物镜将离子束聚焦在样品上并扫描。离子束轰击样品，产生的二次电子和离子被收集并成像或利用物理碰撞来实现切割或研磨。

聚焦离子束的成像原理与扫描电镜基本相同，都是利用探测器接收激发出的二次电子来成像，不同之处是以聚焦离子束代替电子束。聚焦离子束轰击样品表面，激发出二次电子、中性原子、二次离子和光子等，收集这些信号，经处理显示样品的表面形貌。目前聚焦离子束系统的成像分辨率已达5~10nm。在聚焦离子束扫描电镜双束系统中，聚焦离子束和扫描电子束优势互补，离子束成像衬度大，但对样品损伤较大且分辨率较低，扫描电子束显像分辨率高、对样品损伤小，但衬度相对较低，两者组合可获得材料更准确的信息。扫描电子束还可以中和带正电的聚焦离子束轰击样品表面残留的正电荷，反之带正电聚焦离子束也可以中和扫描电子束残留在样品上的负电荷，解决了独立的电子束系统和离子束系统存在的样品电荷污染问题。

聚焦离子束扫描电镜双束系统是扫描电镜与聚焦离子束的结合，打破了传统的二维扫描电镜成像与单一的聚焦离子束刻蚀，利用扫描电镜成像与聚焦离子束切割，将二者结合起来用于样品内部三维立体成像(图 3-2)。离子束垂直于表面，从样品上进行铣削，从而暴露出亚表面特征。目前，商业系统中最常用的离子源是镓离子。通过聚焦离子束扫描电镜中的光学透镜系统和孔径条的约束，可将离子源发射出的镓离子束直径控制到纳米级。离子束的铣削功能是通过离子束与表面原子的碰撞溅射样品的表面原子来实现的。电子束以一定角度指向样品，在相互作用时，它产生信号用于形成样品的高倍图像。样品台倾斜52°，但由于电子束的位置、停留时间和大小都得到了很好的控制，电子束能够以高度控制的方式在纳米尺度上局部铣削样品。将聚焦离子束和扫描电镜有效结合，可对样品进行连续切割和成像，获得一系列二维切片图像，将其导入图像处理软件即可实现对样品的三维重构。

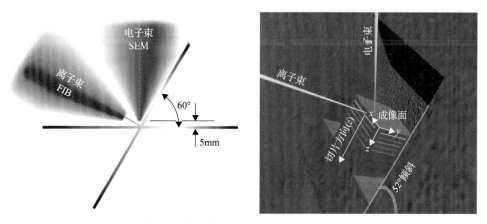

图 3-2　聚焦离子束扫描电镜结构示意图

　　聚焦离子束技术是把离子束斑聚焦到亚微米甚至纳米级尺寸，通过偏转系统实现微细束加工的新技术。与其他高能粒子束流相比，聚焦离子束具有较大的质量，经加速聚焦后能够以很高的能量和较短的波长对样品进行切割，还可以对材料和器件进行刻蚀、沉积等微纳米加工。

　　扫描电镜技术是利用高能电子与物质相互作用，在样品上产生各种信息，如次电子、背反射电子、俄歇电子、X 射线、阴极发光、吸收电子和透射电子等，这些信号通过探测机按顺序、呈比例地转为视频信号，经过放大，调节光点亮度，形成扫描电镜图像。通过扫描电镜图像可以进行二次电子形貌分析、背散射电子衬度分析、能谱分析等，且图像分辨率极高。

　　聚焦离子束扫描电镜成像可生成二维大区域多尺度组合电镜图像——大幅扫描拼接图像（Maps）及三维纳米精细扫描图像。Maps 是在选定区域内排布扫描出一系列连续且边缘重叠的大量高分辨率的小图像，扫描完成以后会将这些小图像进行拼接进而得到一张超高分辨率、超大面积的二维背散射电子图像。

可以展示大区域的岩心全尺度图像在孔隙级别分辨率下的状况，多尺度级别认识岩石，了解岩石特性，从而研究不同尺度下岩石颗粒与孔隙之间的关系。三维纳米精细扫描图像可以精细刻画致密砂岩、页岩等致密岩心孔隙结构在纳米级别的空间分布状况。

二、实验仪器及测量方法

（一）实验仪器

实验主要设备仪器为美国 FEI 公司 Helios NanoLab-650 聚焦离子束扫描电镜（图 3-3）。Helios NanoLab-650 聚焦离子束扫描电镜具有双束 SEM/FIB 系统，配备低温样品制备和表征附件，可用于高分辨率成像、元素分析和各种材料的铣削。该系统的主要特点是采用热场发射器；1kV 时图像分辨率达到 0.8nm，15kV 时图像分辨率达到 0.7nm；高精度 5 轴电动平台，用于导航示例的 Nav-Cam 照片；离子柱在 30kV 下的离子束图像分辨率为 4nm；用于 Pt 沉积和碳铣削的气体注入系统；用于 3D 数据统计的自动切片和图像软件。

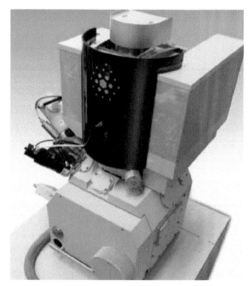

图 3-3　Helios NanoLab-650 聚焦离子束扫描电镜

（二）测量方法

（1）将页岩样品沿垂直层理方向切割成大小合适的块体，然后使用德国徕卡 EM TXP 型自动靶面处理机将页岩表面机械磨平，最后将磨好的页岩薄片放入离子减薄仪中，设定合适的工作参数，用氩离子轰击样品表面。一般氩离子抛光仪的工作电压设为 5kV，电流在 100μA 左右，抛光时间为 10～12h。将氩离子抛光后的样品用导电胶固定在样品台上，样品抛光面喷涂薄金层以增加页岩表面的导电性。仪器工作时样品室为真空状态。

(2)制备好的样品用碳导电胶带固定到样品台上，将固定好的样品放入仪器样品室中，在放置样品之前应使样品舱内部气体压力与外界压力持平，打开样品舱门，利用照相系统对其进行拍照即可进行样品台导航，随后对样品室抽真空。

(3)选择感兴趣区域。在打开电子束之前选择合适的电压与束流，利用导航界面(第三象限)双击样品中的感兴趣区域到中心位置，打开电子束，使用背散射模式，在适当放人倍数下看到扫描图像后对其进行聚焦、自动调节亮度对比度、消像散等操作使图像清晰，使样品台 Z 轴与工作距离重合。为达到更高的图像分辨率，升高样品台以缩短工作距离；在感兴趣区域继续对图像进行聚焦、自动调节亮度对比度、消像散等操作使图像清晰；适当改变电压及束流使图像达到最好的效果；在图像清晰后提高扫描时间，使图像噪点减少，图像清晰。图像扫描完成后进行存储。若需要背散射图像，则改变相应接收探测器及扫描模式以达到预期效果。

(4)背散射二维多尺度分辨率成像与 Maps 大幅扫描图像拼接：在 Maps 软件中设置扫描区域，设置每张扫描图像大小、张数、扫描时间、图像分辨率、图像重合范围等，然后进行自动采集图像。自动采集图像，采集完所有图像后利用 Maps 软件进行拼接，拼接后利用 HDView 软件对拼接后的大范围图像进行查看。

(5)使用 30kV 的镓离子束对样品进行切割处理。首先使用 21nA 的离子束将铂金保护层的左右及前方的页岩切割掉，露出铂金保护层下页岩的一个截面，再使用较小束流值的离子束对新产生的截面进行切割，使页岩的微观结构清晰地显现出来。其次，便可使用 FEI 公司提供的 Slice & View 软件控制 FIB 和 SEM 对页岩横截面进行连续切割和成像。连续切割前，需在目标区域附近打一个基准的标记。针对页岩样品，电子束加速电压一般选为 2kV，电流为 0.2nA，并使用背散射模式成像。使用较小的加速电压可以减少离子束切割时新产生的绝缘表面所引起的充电现象。每幅图像包含 32 帧、2048×1768 像素。FIB 每次切割一层 10nm 厚的页岩薄片，紧接着电子束对这一新鲜面进行成像，之后重复切割和成像。一般连续切割和成像 500 次以上，形成一系列的 SEM 图像，能够三维展示页岩的内部结构特征(图 3-4～图 3-6)，经过 Avizo 图像处理软件可以得到页岩的各组分信息，整个 FIB 切割和 SEM 成像过程约需要 20h。

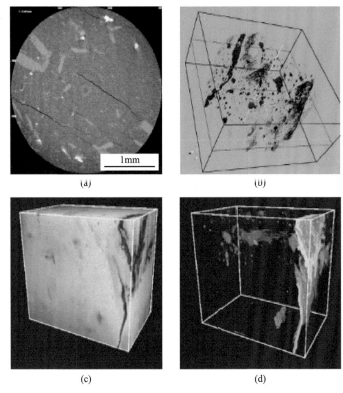

图 3-4　页岩三维重构图

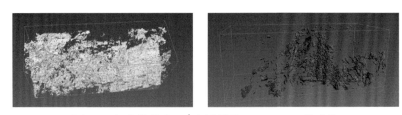

图 3-5　长宁某井龙一$_1^1$小层样品 FIB-SEM 三维成像

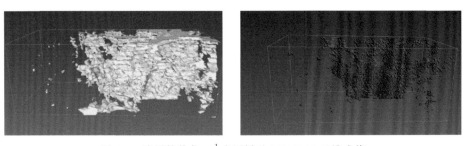

图 3-6　泸州某井龙一$_1^1$小层样品 FIB-SEM 三维成像

(6)样品的三维切片操作。打开电子源和离子源，在电子束条件下找到感兴趣区域并进行调节使图像清晰。使样品台从小角度倾斜到 52°，查看电子束图像使其在 0°～52°图像位置不变，目的是此时电子束与离子束束点在样品同一点，同时可以看到离子图像与电子图像为同一位置。在电子束图像中找到感兴趣区域(长度 10～15μm，宽度 8～10μm)，在离子束(高压 30kV，束流 2.5nA)条件下利用地理信息系统(GIS)对该区域沉积 Pt 予以保护(高压离子束对样品表面有破坏性)及增强所切割区域导电性。

(7)Auto Slice and View 软件。选择感兴趣区域并沉积 Pt 后，打开 Auto Slice and View 自动切片软件，设定文件名称及目标路径后在软件中刷新离子束图像，设置三维切片范围及切片厚度(切片张数)，同时设置离子束图像标记位置和大小，目的是在切割过程中对离子束图像进行标定，保证其切割位置和切割厚度准确，设置后开始运行。

(8)样品表面处理。为了能看到样品内部的扫描电镜图像，需要对所要扫描样品表面进行挖槽处理。首先利用离子束大束流(9.3nA)对所选区域左、右、下方粗糙挖槽(大束流切割速度快，但是束斑大、精度低)，挖槽区尺寸大于待扫描区，Z 为挖槽深度，取决于样品性质及要求，一般为 Y 方向的 2 倍以上。在粗糙挖槽完成后需要对所观察样品表面区域进行精细挖槽，目的为使表面平滑，得到更清晰的扫描电子图像，此时需要降低离子束束流(≤2.5nA)，选择精细挖槽区域进行切割，直到观察到平整样品表面为止。此步骤可以自主设置完成，亦可在 Auto Slice and View 软件中设置自动运行完成。完成精细挖槽后，在 Auto Slice and View 软件中设置图像名称、位置、大小、亮度对比度、单个图像扫描时间。

(三)图像处理与数据分析

当通过 FIB 铣削时，由于载物台轻微滑移，用 SEM 生成的序列中的截面图往往会产生伪影。通过图像配准过程可以消除这种伪影，该过程使用相邻两幅图像之间的几何变换来最小化它们之间的空间错位。根据目标-参考图像之间的关系，图像配准方法可以根据变换模型进行分类，如刚性变换和非线性变换。刚性变换代表了两幅图像之间的整体平移和旋转，可以用来解决因载物台滑移引起的图像错位问题。在刚性变换模型的基础上，采用基于图像灰度值的最小二乘法来最小化相邻两幅图像之间的错位。图像配准后，需要在没有样本信息的情况下将对齐后的图像从边缘中分割出来。在切割和成像过程中，电子束与离子束间的夹角通常约 52°。因此，与真实截面相比，每个捕获的原始FIB-SEM图像都具有几何伪影,并且不能反映该截面的真实大小。几何伪影可以通过在 Y 方向上乘以校正因子来校正。此校正系数取决于电子束和离子束之间的夹角。例如,电子束与离子束之间的夹角为 52°,校正系数为 $1/\sin52°$。

对于FIB-SEM获得的页岩三维组构数据要使用Avizo图像处理软件进行图像分割和三维重构。Avizo 软件是一款三维可视化软件,不仅可以三维重建数据体进行孔喉结构定性表征,还可以利用其内置数学算法对孔径大小、数量和喉道半径进行定量统计分析。高分辨率二次电子图像明暗度与样品组成元素的原子序数成正比,能够清楚地显示页岩孔隙、有机质和无机矿物基质在灰度值上的差异。其中孔隙的灰度值最低,表现为黑色部分,有机质次之,表现为灰黑色部分,无机矿物较高,表现为灰色部分,最亮的白色部分代表灰度值最高的黄铁矿。设置并调整各自页岩内有机质和孔隙灰度的阈值使其与真实分布状况达到最佳匹配效果,然后便可将页岩内的有机质和孔隙分割提取出来,并可展示其三维分布状态。

图像灰度阈值的选取具有一定的主观性,这也直接影响了后续数据处理的结果。但这种主观性造成的误差是无法避免的,只能尽量精确地调整各组分的阈值,以使这种主观性造成的误差降低到最小,将页岩块体内有机质和孔隙的灰度值设定好阈值后便可进行分割提取。之后使用 Avizo 软件孔隙网络模型(PNM)模块分析孔隙结构。PNM 模块所存储的数据类型代表三维空间中多条线性直线构成的网格,网格的分支或端点代表孔隙,连接孔隙的直线称为喉道。使用 Avizo 软件便可计算出页岩内各个孔隙的体积、比表面积。假设单个孔隙的形状均为球形,便可依据单个孔隙的体积计算其孔隙半径,据此便可统计出页岩孔隙半径数量和体积的直方图。还可以计算喉道的半径、长度和数量,统计分析得出喉道的半径分布直方图等。

三、页岩孔隙类型

根据微观孔隙的成因类型将页岩孔隙分为无机成因孔(简称无机质孔)、有机成因孔(简称有机质孔)和微裂缝三大类。国际纯粹与应用化学联合会(IUPAC)定义孔径小于 2nm 的称为微孔,孔径大于 50nm 的称为大孔(或称为宏孔),孔径在 2～50nm 的称为介孔(或称为中孔)。富有机质为页岩气的形成及有机质孔的发育提供了充足的物质基础,页岩储集空间主要为有机质孔、晶间孔、层理缝等,孔隙主要是微孔和中孔。

（一）有机质孔

有机质孔是泥页岩中有机质在热演化生烃过程中形成的孔隙，主要发育于有机质间和有机质内，是页岩中存在的最主要孔隙类型，以微孔和中孔为主，大孔少见，连通性好，有机质面孔率为10%～50%，平均为30%，镜下观察主要呈近球形、椭球形、片麻状、凹坑状和狭缝形等。

通过对有机质孔的进一步观察发现，有机质颗粒中含有大量孔隙，孔隙形状主要呈椭球形或近球形、弯月状或平板状等（图3-7），孔径从几纳米到几百纳米不等。有机质成熟度普遍较高，导致其孔隙偏小，样品孔径主要分布在100nm以下，而成熟度较低的有机质中存在上百纳米的大孔。孔与孔之间由微小喉道连接，同时还存在一些有机质颗粒与微米级的矿物边缘裂缝相邻，大量的有机质孔提供了巨大的比表面积且孔隙的吸附势能与孔径成反比，孔径越小，吸附能力越强，有机质孔是页岩吸附气赋存的主要场所。

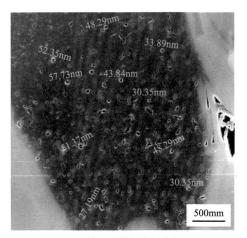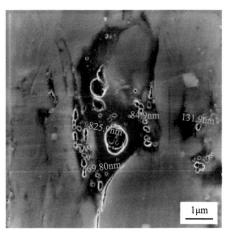

(a) 成熟度较高的有机质孔　　　　　　　　　(b) 成熟度较低的有机质孔

图3-7　长宁某井龙马溪组典型有机质孔特征

（二）无机质孔

页岩无机质孔主要有粒间孔、粒内孔、晶间孔、溶蚀孔等，以中孔和大孔为主；观察孔隙尺度为几百纳米到微米，无机质孔相对不发育，面孔率较低，一般小于5%。如图3-8所示，与有机质孔集中分布方式不同，无机质孔分布相对分散，呈现零星状分布，无机质孔的孔径从几十纳米到几百纳米。除有机质、黏土矿物发育外，岩样中还存在大量黄铁矿颗粒，说明储层沉积环境为强还原环境，这些黄铁矿颗粒往往会发育一定量的粒间孔。

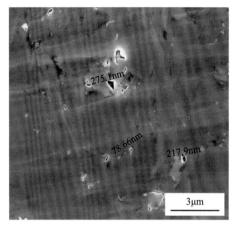 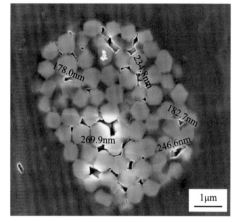

(a) 黏土矿物粒内孔　　　　　　　　　　　(b) 黄铁矿粒间孔

图 3-8　长宁某井龙马溪组典型无机质孔特征

(三) 微裂缝

页岩基质中发育微裂缝, 但其发育程度较低, 分布集中度也较低, 主要包括黏土矿物晶间缝、片状矿物解理缝以及碎屑颗粒周缘的贴粒缝等, 缝宽多在 50nm 以上 (图 3-9)。微裂缝的发育对储层中的气体渗透率有重要影响。扫描电镜观察的孔隙或微裂缝尺寸有时很大, 达到微米级, 但数量较少。

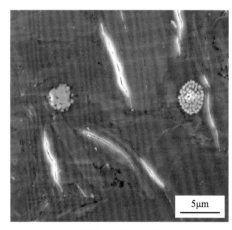 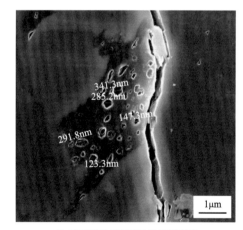

(a) 黏土矿物晶间缝　　　　　　　　(b) 有机质孔骨架矿物边缘微裂缝

图 3-9　长宁某井龙马溪组典型微裂缝特征

(四) 混杂型孔隙

有机质孔或被黏土包裹, 或与黏土矿物形成混杂形式, 或与黏土矿物、黄铁矿形成混杂形式。此外，页岩中还会存在大量黄铁矿集合体，其中一些黄铁矿颗粒之间会被发育着大量微孔、介孔的有机质填充(图 3-10 中黑色部分为有机质，白色部分为黄铁矿颗粒)。

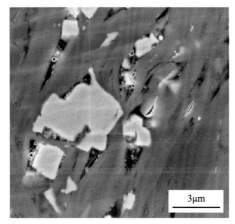

(a) 有机质与黏土矿物、黄铁矿混杂型孔隙　　　　　(b) 黄铁矿颗粒间被有机质填充

图 3-10　长宁某井龙马溪组典型混杂型孔隙特征

四、页岩孔喉微观分布特征

(一)长 7 区块页岩孔喉微观分布特征

选取长 7 区块两块具有代表性的页岩样品为研究对象，样品取自 L85-1 井和 C30-1 井，都为黑色页岩样品。针对页岩中大量发育的纳米级孔隙和喉道，通过 FIB-SEM 的二维切片和三维重构图像实现纳米级孔隙识别和孔喉分布的三维可视化。图 3-11 为 L85-1 和 C30-1 样品的二维三视图，在纳米级别分辨率下可明显观察到有弯月状、椭圆状粒间孔和不规则形状的溶蚀孔发育，孔径主要分布在 20～600nm。L85-1 样品和 C30-1 样品都为局部孔隙发育，具有较强的非均质性，其中 C30-1 样品中发育有较多的高密度物质，可能是黄铁矿。

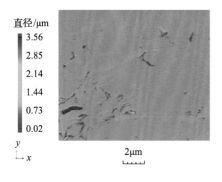
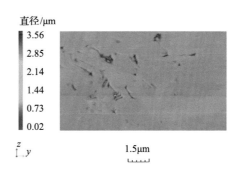

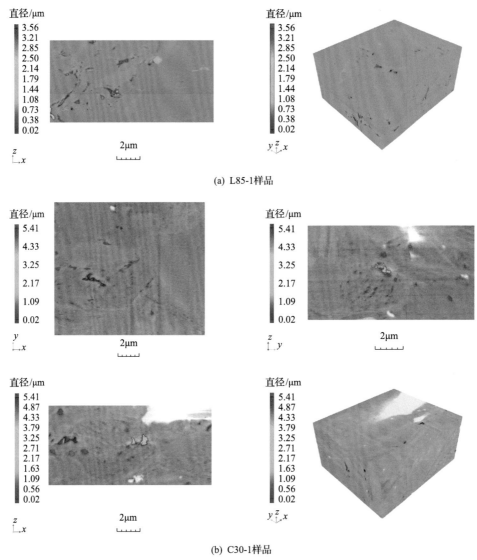

(a) L85-1样品

(b) C30-1样品

图 3-11　L85-1 样品和 C30-1 样品的渲染后三视图

　　从图 3-12 中可以清晰地看到纳米级孔隙在三维空间上的分布状态。L85-1和 C30-1 样品的孔隙分布状态具有一致性，微孔隙在三维空间下呈现出较均匀的分布，但较大的孔隙则是局部少量发育。

　　从 L85-1 和 C30-1 样品的等效孔喉模型图(图 3-13)可以看出，L85-1 样品的喉道半径更大，主要呈管状，而 C30-1 样品的喉道半径小，主要呈球状和弯片状，可见 L85-1 样品的孔喉连通性更好。

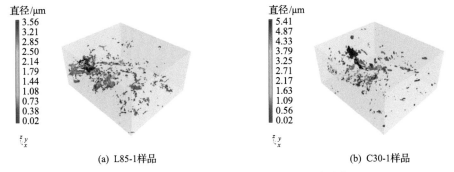

(a) L85-1样品　　　　　　　　　　　(b) C30-1样品

图 3-12　L85-1 样品和 C30-1 样品的三维孔隙分布图

(二)青山口组页岩孔喉微观分布特征

以青山口组页岩样品为研究对象，GY3HC-1 样品取自 GY3 井，取样深度为 2502.3m。从图 3-14 中的三视图中可以看出，该样品中发育有弯月状、球状和长条状孔隙。在三维孔隙分布图中不均匀发育了微孔隙，部分孔隙呈连片状分布，相互连通。从等效孔喉模型图中可以看到孔隙之间通过不同孔径和形状的喉道相互连接，这些喉道多呈管状和球状，球状喉道半径往往很大，呈现为红色，连接着许多其他喉道。这些喉道总体上为树状分布，不断延伸连通着各级孔隙，该样品的孔喉连通性总体较好。

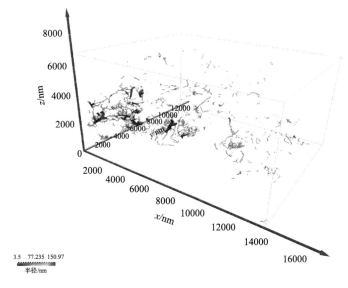

(a) L85-1样品

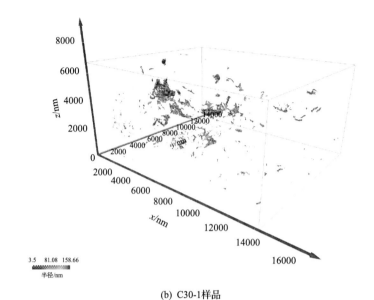

(b) C30-1样品

图 3-13　L85-1 样品和 C30-1 样品等效孔喉模型图

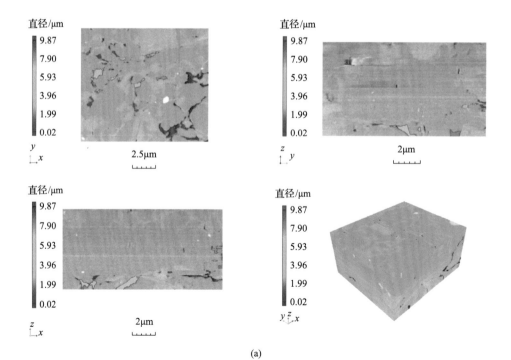

(a)

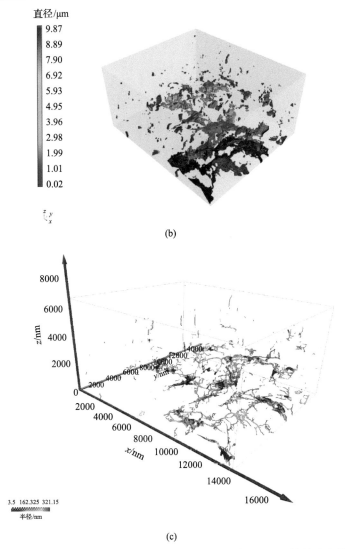

图 3-14 CY3HC-1 样品渲染后三视图(a)、三维孔隙分布图(b)、等效孔喉模型图(c)

(三)大港油田页岩孔喉微观分布特征

以大港油田页岩样品为研究对象，F39x1-1 样品和 F39x1-2 样品取自 F39x1 井。从图 3-15 中可清晰看出两块岩样孔隙发育特征不同。F39x1-1 样品中均匀发育有纳米级到微米级孔隙，非均质性中等。F39x1-2 样品中主要发育纳米级微孔隙，其中还发育了一条细长的微裂缝，非均质性更强。

从 F39x1-1 和 F39x1-2 样品的等效孔喉模型图(图 3-16)中可以看出，都是纳米级喉道相互连接着孔隙，喉道半径都较小且分布不均匀，连通性较差。F39x1-2

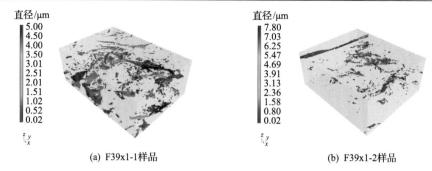

(a) F39x1-1样品　　　　　　　　　(b) F39x1-2样品

图 3-15　F39x1-1 样品和 F39x1-2 样品三维孔隙分布图

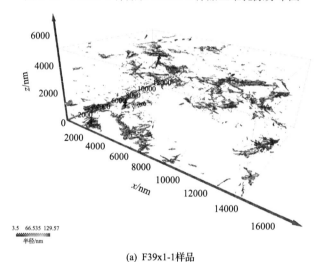

(a) F39x1-1样品

(b) F39x1-2样品

图 3-16　F39x1-1 样品和 F39x1-2 样品等效孔喉模型图

样品中发育的微裂缝中喉道半径较大，形成了有利渗流区，有利于油气的运移和开发。

第二节　基于计算机断层扫描的孔隙连通性分析方法

一、计算机断层扫描原理

计算机断层扫描(CT)是利用锥束 X 射线穿透物体，由岩心旋转 360°所得到的大量 X 射线衰减图像，可获得岩心任一切面的图像，并重构出其三维立体模型。CT 技术的物理原理基于射线与物质的相互作用。射线束穿透物体时，由于光子与物质相互作用，相当一部分的入射光子转化为电子或消失，从而在入射方向上射线强度将会减弱。CT 的优点为在不破坏样本的前提下，能够通过大量的图像数据对很小的特征面进行全面展示，而且 CT 图像反映的是 X 射线在穿透物体过程中能量衰减的信息，岩心内部的孔隙结构和相对密度大小与三维 CT 图像的灰度呈正相关。

计算机断层扫描适用于材料科学、传感/电气工程、测量技术、地质/生物等领域。计算机断层扫描的全自动执行、再现和分析过程确保了其易用性及快速和可靠的计算机断层扫描结果。全三维计算机断层扫描信息可使分析具有许多可能，如切片的无损可视化、任意剖视图或自动孔隙分析。

以美国通用电气公司生产的 Nanotomm 纳米计算机断层设备为例，X 射线 CT 布局图如图 3-17 所示，X 射线源和探测器分别置于转台两侧，X 射线穿透放置在转台上的样本后被探测器接收，样本可进行横向、纵向平移和垂直升降运动以改变扫描分辨率。当岩心样本纵向移动时，距离 X 射线源越近，放大倍数越大，岩心样本内部细节被放大，三维图像更加清晰，但同时可探测的区域会相应减小；相反，样本距离探测器越近，放大倍数越小，图像分辨率越低，但是可探测区域增大。样本的横向平动和垂直升降用于改变扫描区域，但不改变图像分辨率。放置岩心样本的转台本身是可以旋转的，在进行计算机断层扫描时，转台带动样本转动，每转动一个微小的角度后，由 X 射线照射样本获得投影图。将旋转 360°后所获得的一系列投影图进行图像重构后得到岩心样本的三维图像。

二、计算机断层扫描岩心分析方法

计算机断层扫描岩心分析过程包括：样品制备及扫描、数据重建，以及数据处理。

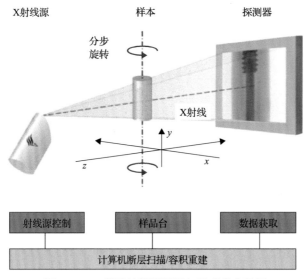

图 3-17　X 射线计算机断层扫描成像布局图

计算机断层扫描是无损观测方法，原始样品几乎不需要做特别的钻、切、磨处理，如果是用纳米 CT 扫描，则用直径为 1mm 的钻头钻取岩心样本，越小的样品，分辨率越高。将样品放置在计算机断层扫描仪的载物台上调节扫描参数进行计算机断层扫描。

扫描结束后，重建数字三维模型前先降低伪影，消除射束硬化所造成的影响。使用专业的数据处理软件 Volume Graphics STUDIO MAX（简称 VG 软件）和 FEI Avizo 对重建好的三维模型对数据进行分析处理。采用 FEI Avizo 软件逐层展示岩心上—下、左—右、前—后三个方向上的二维投影图像和整体三维模型。通过切割、旋转或展开样品，在三维空间上从不同角度观测样品内部组分、结构。依据孔隙与基质存在灰度差异这一特性，选取符合样品自有特性和实际的灰度值，将孔隙从岩心样品中提取出来加以计算。分析三维空间孔隙结构，定量表征孔隙特性，如孔隙率、孔隙尺寸、球度等。综合分析该样品孔隙发育情况，包括岩心孔隙/裂缝提取分析、岩心孔喉连通性分析、三维视图内部展示(内部孔隙、裂缝、有机质等分布)、孔径分布直方图、岩心断层切片立体动画等。

在油气储层的岩石柱塞样计算机断层扫描原始切片图像中，颜色越浅则代表密度越高，白色表明为岩石矿物(高密度)，黑色表明为孔隙(低密度)。计算机断层扫描也是观测裂缝的有力工具之一，图 3-18 展示了岩石样品的径向切面、轴向切面和整体计算机断层扫描图像，孔隙(低密度)，从侧视图、俯视图中均可见清晰的裂缝。

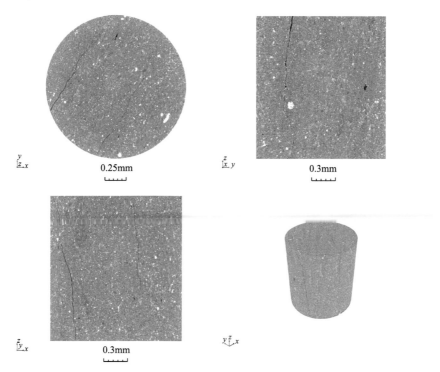

图 3-18　岩石样品的径向切面、轴向切面和整体计算机断层扫描图像

将计算机断层扫描图像导入 VG 软件，进行三维重构，从而获得扫描对象内外部的三维特征。在不破坏扫描对象的情况下，即可观测到其内部复杂结构，获取传统技术手段难以达到的内部区域相应特征的完整数据。还可以通过 VG 软件对孔隙模型图进行孔隙色彩渲染，如图 3-19 所示，蓝色表示的是小体积的孔隙，红色表示的是大体积的孔隙。

在获得岩石样品三维重构结果的基础上，还可以结合其他专业图像软件进行孔隙网络模型建立及连通性、渗流模拟等分析。例如，可以通过 Avizo9 进行单相流体模拟、多相流体模拟、压力加载测试等。

建立孔隙网络模型。目前用于提取和构建孔隙网络结构的方法主要为最大球法，其既可以提高网络提取的速度，也可以保证孔隙分布特征和连通性的准确性。最大球法是把一系列不同尺寸的球体填充到三维岩心图像的孔隙空间中，各尺寸填充球之间按照半径从大到小存在着连接关系。整个岩心内部孔隙结构将通过相互交叠及包含的球串来表征，见图 3-20。孔隙网络结构中孔隙和喉道的确立是通过在球串中寻找局部最大球与两个最大球之间的最小球，从而形成"孔隙-喉道-孔隙"的配对关系来完成，见图 3-21。最终整个球串结构简化成为以孔隙和喉道为单元的孔隙网络结构模型。喉道是连接两个孔隙的单元；每个孔隙所连接的喉道数目称为配位数。

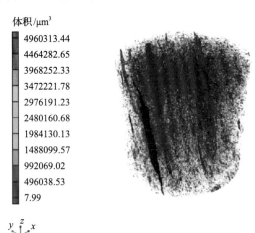

图 3-19　VG 软件处理并提取的孔隙分布图（3D）

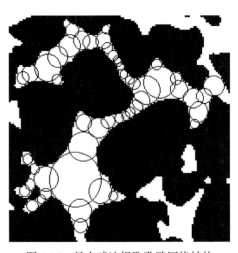

图 3-20　最大球法提取孔隙网络结构

在用最大球法提取孔隙网络结构的过程中，形状不规则的真实孔隙和喉道被规则的球形填充，进而简化成为孔隙网络模型中形状规则的孔隙和喉道。在这一过程中，利用形状因子 G 来存储不规则孔隙和喉道的形状特征。形状因子的定义为 $G=A/P^2$，其中 A 为孔隙的横截面积，P 为孔隙横截面周长，见图 3-22。

在孔隙网络模型中，利用等截面的柱状体来代替岩心中的真实孔隙和喉道，截面的形状为三角形、圆形或正方形等规则几何体。当用规则几何体来代

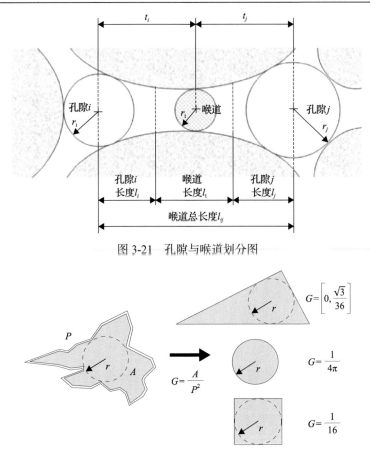

图 3-21　孔隙与喉道划分图

图 3-22　形状系数

r-等效孔隙半径

表岩心中的真实孔隙和喉道时，要求规则几何体的形状因子与孔隙和喉道的形状因子相等。尽管规则几何体在直观上与真实孔隙空间差异较大，但它们具备了孔隙空间的几何特征。此外，三角形和正方形截面都具有边角结构，可以有效地模拟两相流中的残余水或者残余油，与两相流在真实岩心中的渗流情景非常贴近。根据提取的孔隙网络，统计孔隙网络尺寸分布，分析网络连通特性。通过对孔隙网络模型进行各项统计分析，了解真实岩心中的孔隙结构与连通性。孔隙网络模型统计分析具体包括以下部分。

（1）尺寸分布：包括孔隙和喉道半径分布、体积分布，喉道长度分布，孔喉半径比分布，形状因子分布等。

（2）连通特性：包括孔隙配位数分布，欧拉连通性方程曲线。

（3）相关特性：对孔隙和喉道尺寸、体积、长度等任意两个物理量之间进行相关性分析。

三、页岩孔喉连通性

(一)龙马溪组页岩孔喉连通性

以渝西龙马溪组富有机质页岩为研究对象,样品取自 Z201 井,该井位于渝西地区,主要勘探层系为五峰组—龙马溪组。五峰组—龙马溪组的岩性组合特征是:为黄绿、灰绿色页岩,黑色页岩,灰黑色生物碎屑灰岩。顶板岩性为小河坝组黄灰色泥岩和粉砂岩及韩家店组紫色、灰绿色泥岩,粉砂岩。底板是临湘组浅灰色豆状泥质灰岩、富含黄铁矿结核及宝塔组浅灰色龟裂纹灰岩。主要目的层顶底板岩性致密,有利于页岩气赋存。龙马溪组取心层段为龙一$_1$亚段(简称龙一$_1$)和龙一$_2$亚段(简称龙一$_2$),其中龙一$_1$亚段是目前勘探开发主要目标层系之一,龙一$_1$亚段又进一步分为龙一$_1^1$~龙一$_1^4$共四个小层。

根据有机质丰度,五峰组平均 TOC 含量为 4.07%,以高丰度为主,评价为Ⅰ类层段;龙一$_1^1$小层、龙一$_1^3$小层、龙一$_1^2$小层平均 TOC 含量分别为 3.38%、2.73%、2.46%,以中等丰度为主,评价为Ⅱ类层段;龙一$_2$亚段平均 TOC 含量为 0.50%,以低丰度为主,评价为Ⅲ类层段。

图 3-23 和图 3-24 分别展示了 5 块岩心的计算机断层扫描与三维重构的球棍网络模型图。图 3-23 为孔隙分布,图 3-24 为喉道分布,三维重构由 Avizo 软件处理,孔隙分布图中红色节点为孔隙,连接线是喉道,球棍模型只展示孔隙间是否有连通性,喉道分布图表征喉道连通特性的大小。5 块岩心分别取自渝西某井龙一$_1^4$、龙一$_1^3$、龙一$_1^2$、龙一$_1^1$四个小层与五峰组。龙一$_1^1$小层和龙一$_1^3$小层、五峰组的孔隙较为发育,为气体赋存提供了广阔空间。龙一$_1^1$小层、五峰组的喉道较为发育,且存在较大狭缝形孔隙,为气体扩散和渗流提供了通道。综上,龙一$_1^1$小层和五峰组为各小层中储渗空间最发育层段,是该区分段压裂水平井开发的目的层。

(二)长 7 区块页岩孔喉连通性

C30-1 样品取自长 7 区块,井号为 C30,取样深度为 1982.67m,为典型的页岩样品。图 3-25 和图 3-26 分别展示了该样品的径向及轴向剖面图,从径向剖面图中可以看出发育有大量相互连通的孔隙,孔隙形状不规则。从渲染后的轴向剖面图可以看出一条贯穿的孔道,可能是发育的微裂缝,其中左侧部分呈红色显示喉道半径更大,连通性更好。

图 3-27 展示了三维重构孔隙提取图、等效孔喉模型图和孔喉球棍模型图,由图可知,该样品发育有大量的孔隙和喉道,主要为微孔和中孔,少量大孔,

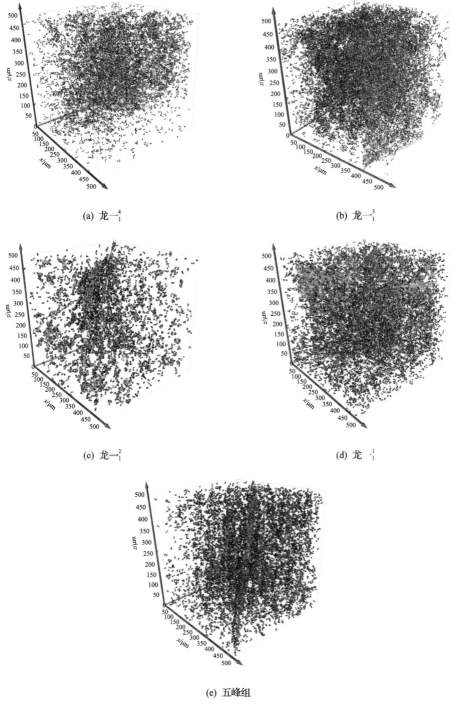

(a) 龙一$_1^4$

(b) 龙一$_1^3$

(c) 龙一$_1^2$

(d) 龙一$_1^1$

(e) 五峰组

图 3-23　纳米 CT 扫描孔隙分布

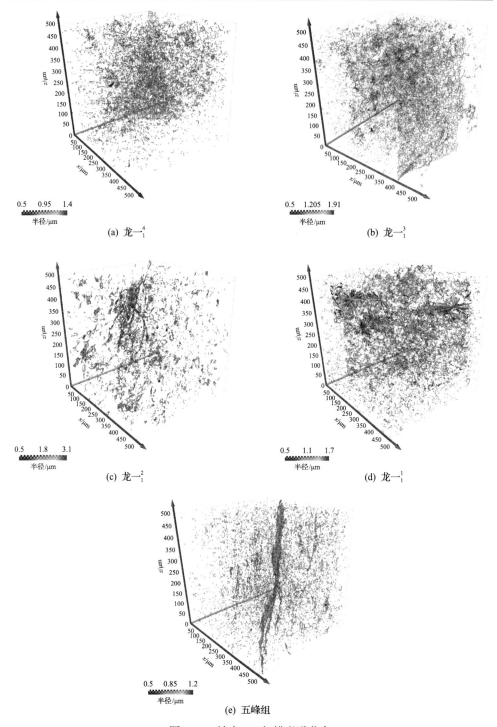

(a) 龙一$_1^4$

(b) 龙一$_1^3$

(c) 龙一$_1^2$

(d) 龙一$_1^1$

(e) 五峰组

图 3-24 纳米 CT 扫描喉道分布

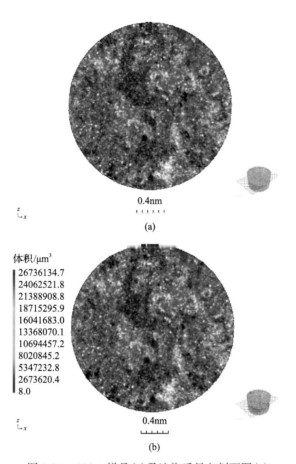

(a)

体积/μm³

26736134.7
24062521.8
21388908.8
18715295.9
16041683.0
13368070.1
10694457.2
8020845.2
5347232.8
2673620.4
8.0

0.4nm

(b)

图 3-25　C30-1 样品(a)及渲染后径向剖面图(b)

0.35nm

(a)

体积/μm³

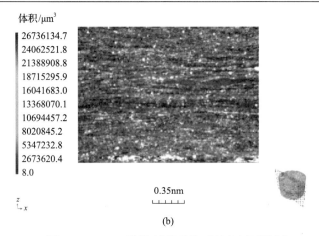

z↳x

(b)

图 3-26　C30-1 样品(a)及渲染后轴向剖面图(b)

体积/μm³

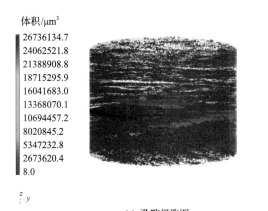

z⋮y

(a) 孔隙提取图

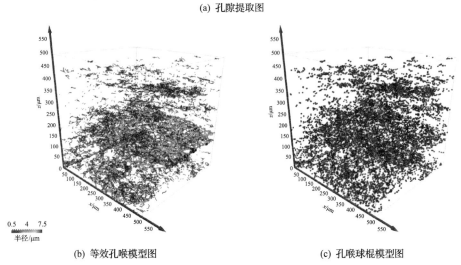

0.5　4　7.5
半径/μm

(b) 等效孔喉模型图　　　　　　　　　　　(c) 孔喉球棍模型图

图 3-27　C30-1 样品三维重构孔隙提取图(a)、等效孔喉模型图(b)、孔喉球棍模型图(c)

且孔隙多呈连片状，并伴有微裂缝发育。从等效孔喉模型图和孔喉球棍模型图可以看出孔隙之间通过喉道相互连接，喉道多为管状或片状，整体连通性较好，有利于油气的储集和运移。

　　利用 Avizo 处理软件对重建的等效孔隙网络模型进行单相流体渗流模拟（图 3-28）。可以看出渗流主要沿着微裂缝发育的地方进行，且红线部分代表渗流速度大，页岩中虽发育有大量微孔，但是其渗流效果并不理想。主要的渗流还是沿着微裂缝或者页岩间的层理缝，因此重点研究层理缝对渗流的影响具有重要意义。

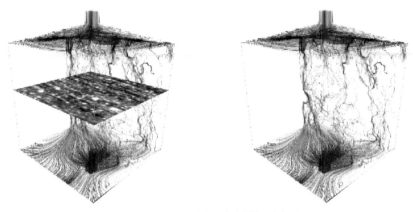

图 3-28　C30-1 样品渗流模拟示意图

　　L85-1 样品取自长 7 区块，井号为 L85，取样深度为 1581.07m，为典型的页岩样品。从径向（图 3-29）及轴向剖面图（图 3-30）中可以看出局部发育有较大的孔隙，但数量较少，以微孔为主。轴向剖面图中可见细长微裂缝，但被密

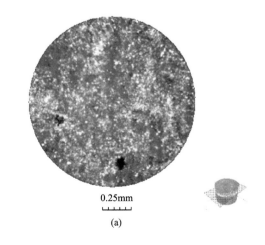

0.25mm

(a)

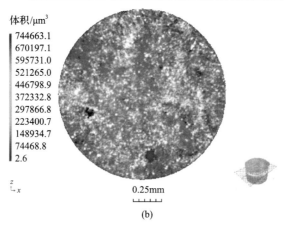

(b)

图 3-29 L85-1 样品(a)及渲染后径向剖面图(b)

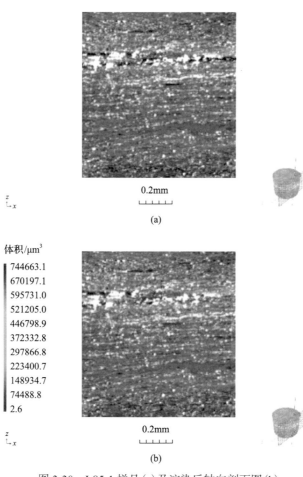

(a)

(b)

图 3-30 L85-1 样品(a)及渲染后轴向剖面图(b)

度较高物质如黄铁矿所填充，阻碍了油气通道。

图 3-31 展示了 L85-1 样品三维重构孔隙提取图、等效孔喉模型图和孔喉球棍模型图，从图中可以清楚看到该页岩样品中局部发育有少数大孔，以微孔和中孔为主，等效孔喉模型图中虽有相互连通的孔隙和喉道，但分布范围有限，导致连通性较差。

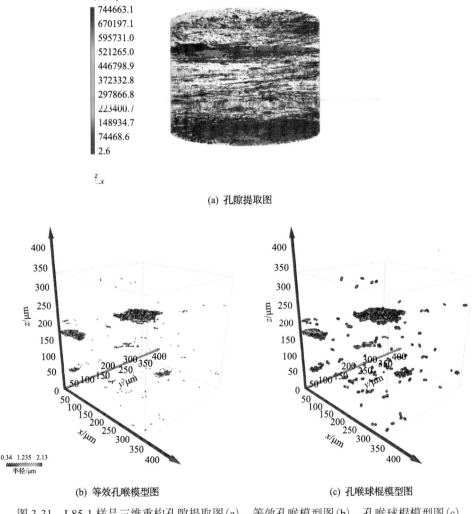

(a) 孔隙提取图

(b) 等效孔喉模型图　　　　　　　　　　　　(c) 孔喉球棍模型图

图 3-31　L85-1 样品三维重构孔隙提取图(a)、等效孔喉模型图(b)、孔喉球棍模型图(c)

利用 Avizo 处理软件对重建的等效孔隙网络模型进行单相流体渗流模拟（图 3-32）。可见由于连通性较差，微裂缝不发育，几乎没有渗流发生。

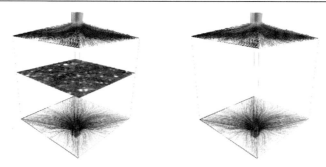

图 3-32　L85-1 样品渗流模拟示意图

(三)青山口组页岩孔喉连通性

GY3HC-1 样品取自青山口组,井号为 GY3,取样深度为 2502.3m。从剖面图(图 3-33、图 3-34)中可以看出均匀发育密度较高的物质,未见大孔发育,

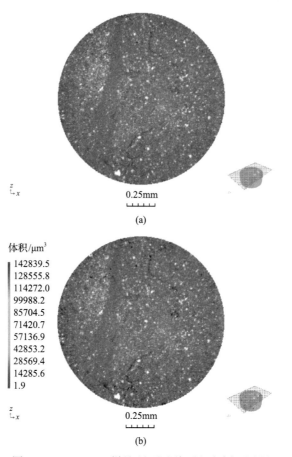

(a)

体积/μm³

142839.5
128555.8
114272.0
99988.2
85704.5
71420.7
57136.9
42853.2
28569.4
14285.6
1.9

(b)

图 3-33　GY3HC-1 样品(a)及渲染后径向剖面图(b)

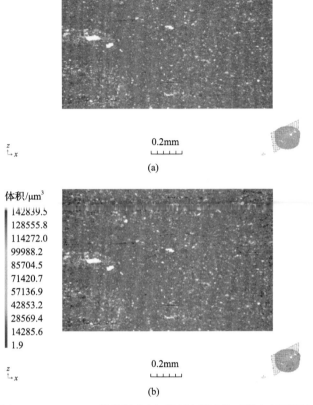

图 3-34 GY3HC-1 样品轴向剖面图(a)及渲染后轴向剖面图(b)

但发育有大量的微孔及细小的裂缝。

图 3-35 展示了 GY3HC-1 样品三维重构孔隙提取图、等效孔喉模型图和孔喉球棍模型图，从三维孔隙提取图中可明显看出发育了大量的微孔，基本上属于纳米级孔隙，中间部位发育有连片状孔隙。等效孔喉模型图中清晰展现了孔隙间相互连通，但喉道半径较小，以细孔喉为主。

利用 Avizo 处理软件对重建的等效孔隙网络模型进行单相流体渗流模拟(图 3-36)。可见渗流主要沿着微孔相互连通的部分进行，且开始时渗流速度大、渗流通道多，最后仅有少量微孔中继续渗流，显示其连通性一般。

(四)大港油田页岩孔喉连通性

F39-1 样品取自大港油田，井号为 F39x1 井，取样深度为 3894.42m，为厚层状页岩。图 3-37 和图 3-38 分别展示了样品的横向和纵向剖面图，可以看出

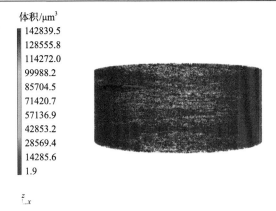

体积/μm³

142839.5
128555.8
114272.0
99988.2
85704.5
71420.7
57136.9
42853.2
28569.4
14285.6
1.9

(a) 孔隙提取图

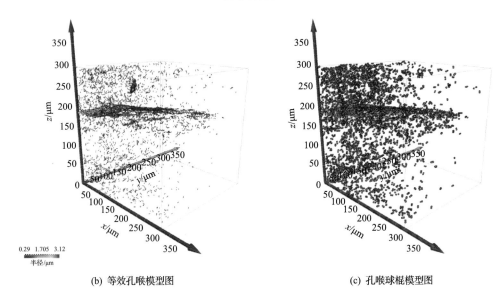

(b) 等效孔喉模型图　　　　　　　　　　　　　　(c) 孔喉球棍模型图

图 3-35　GY3HC-1 样品三维重构孔隙提取图(a)、等效孔喉模型图(b)、孔喉球棍模型图

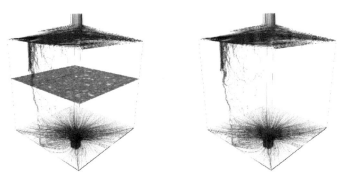

图 3-36　GY3HC-1 样品渗流模拟示意图

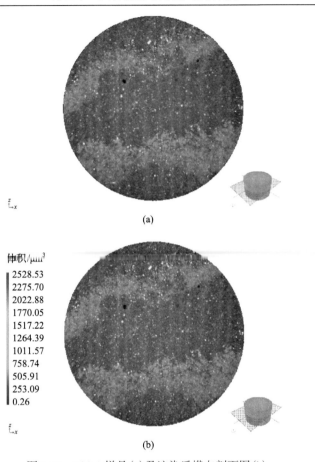

体积/μm³

2528.53
2275.70
2022.88
1770.05
1517.22
1264.39
1011.57
758.74
505.91
253.09
0.26

图 3-37　F39-1 样品(a)及渲染后横向剖面图(b)

样品中存在亮白色、浅灰色和深灰色，分别代表了不同岩性，其中发育有少量的孤立孔隙，反映样品较为致密。

图 3-39 展示了 F39-1 样品三维重构出的孔隙提取图、等效孔喉模型图和孔

(a)

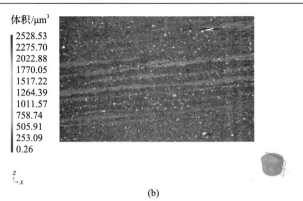

(b)

图 3-38　F39-1 样品纵向剖面图(a)及渲染后纵向剖面图(b)

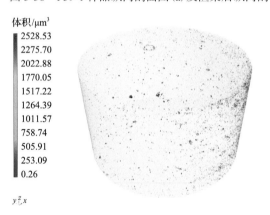

(a) 孔隙提取图

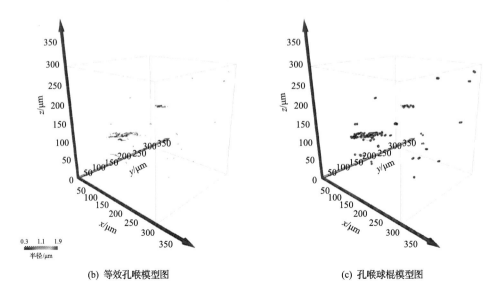

(b) 等效孔喉模型图　　　　　　　　　(c) 孔喉球棍模型图

图 3-39　F39-1 样品三维重构孔隙提取图(a)、等效孔喉模型图(b)、孔喉球棍模型图(c)

喉球棍模型图，该样品发育少量的粒间孔及溶蚀孔，且多为孤立状，连片状孔隙较少，未见微裂缝，孔喉数量少，连通性较差，不利于油气的储集和运移。

利用 Avizo9 处理软件对重建的等效孔隙网络模型进行单相流体渗流模拟（图 3-40）。可以看出几乎没有渗流发生，虽然发育有较大的孤立状孔隙，但孔喉连通性较差，渗流无法进行。

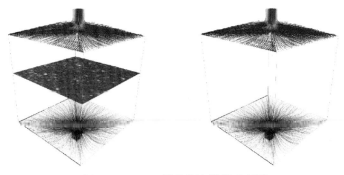

图 3-40　F39-1 样品渗流模拟示意图

第四章　页岩孔径分布测试方法

第一节　基于气体吸附法的孔径分布测试方法

气体吸附法是获得多孔材料全面表征的有力方法之一，它可以反映比表面积、孔隙分布和孔隙度等方面的信息，但是，这需要对吸附过程有一个详细的了解，包括在多孔材料上流体的吸附和相变化及其对吸附等温线的影响，这是表面分析和孔分析的基础。孔宽、孔形及有效吸附能是测定孔填充过程的因子。微孔(按照 IUPAC 分类，孔径＜2nm)的孔填充是一个连续过程，而中孔(孔径在 2～50nm)的孔填充则是气体在孔内的凝聚过程，表现为一级气、液相转移。

一、气体吸附法实验原理

当气体或蒸气与洁净的固体接触时，一部分气体被固体捕获，若气体体积恒定，则压力下降，若压力恒定，则气体体积减小。从气相中消失的气体分子或进入固体内部，或附着于固体表面，前者称为吸收，后者称为吸附。多孔固体因毛细凝结而引起的吸着称为吸附作用。

按吸附作用力性质的不同，可将吸附分为物理吸附和化学吸附。物理吸附是由范德瓦耳斯力引起的气体分子在固体表面及孔隙中的冷凝过程。物理吸附可发生单层吸附或多层吸附，是非选择性吸附，具有可逆性。化学吸附是气体分子与材料表面的化学键合过程。化学吸附只发生单层吸附，是选择性吸附，无可逆性。

(一)吸附平衡等温线类型

吸附平衡等温线分为吸附和脱附两部分。吸附平衡等温线的形状与材料的孔组织结构有关。根据 IUPAC 分类，吸附平衡等温线具有 6 种不同类型。其中Ⅰ型、Ⅱ型、Ⅳ型曲线是凸形，Ⅲ型、Ⅴ型曲线是凹形，Ⅵ型曲线为阶梯形。

Ⅰ型等温线分为Ⅰ-A 和Ⅰ-B 两种子类型。①Ⅰ-A 型等温线。由于单分子层的吸附作用力很大，表面吸附位的反应活性高，属电子转移型吸附相互作用，此时的吸附大多不可逆，在金属与氧气、一氧化碳、氢气的表面反应体系中较常见。这种等温线也叫作朗缪尔(Langmuir)型。②Ⅰ-B 型等温线。活性炭和沸石常呈现这种类型，这些固体具有微孔，外表面积远小于孔内表面积，在低压区，吸附曲线迅速上升，发生微孔内吸附，在平坦区发生外表面吸附。在接近饱和蒸气压时，由于微粒之间存在缝隙，在大孔中发生吸附，等温线迅速上升。此外，在吸附温度超过吸附质的临界温度时，由于不发生毛细凝聚和多分子层吸附，即使是不含微孔的固体也能得到Ⅰ型等温线。

Ⅱ型等温线也称为 Brunauer-Emmett-Teller(BET)吸附等温线。非多孔性固体表面发生的多层吸附属于这种类型，如非多孔性金属氧化物粒子吸附氮气或水蒸气。此外，发生亲液性表面相互作用时也常见这种类型。在相对压力约 0.3 时等温线向上凸，第一层吸附大致完成，在低压区吸附量少且不出现拐点，表明吸附剂和吸附质之间的作用力相当弱。随着相对压力的增加，开始形成第二层吸附，相对压力越高，吸附量越多，在达到饱和蒸气压时，吸附层数无限大。

Ⅲ型等温线在憎液性表面发生多分子层，或者固体和吸附质的吸附相互作用小于吸附质之间的相互作用时呈现这种类型。例如，水蒸气在石墨表面上吸附或在进行过憎水处理的非多孔性金属氧化物上的吸附。因此，低压区的吸附量少且不出现拐点，表明吸附剂和吸附质之间的作用力相当弱，相对压力越高，吸附量越多。

Ⅳ型等温线的特点是呈Ⅱ型表面相互作用，表面具有中孔和大孔。与非多孔体的Ⅱ型、Ⅲ型不同，Ⅳ型等温线在相对压力约 0.4 时，吸附质发生毛细凝聚，等温线迅速上升。此时脱附等温线与吸附等温线不重合，脱附等温线在吸附等温线上方，产生吸附滞后。在高相对压力时，由于中孔的吸附已经结束，吸附只在远小于内表面积的外表面上发生，曲线平坦。当相对压力接近 1 时，在大孔上吸附，等温线上升。

Ⅴ型等温线很少见，而且难以解释，虽然反映了吸附质与吸附剂之间作用微弱的Ⅲ型等温线特点，但在高压区又表现出有孔填充(毛细凝聚现象)。水蒸气在活性炭或憎水化处理过的硅胶上的吸附会呈现该类型等温线。

Ⅵ型等温线又叫阶梯形等温线。非极性的吸附质在物理、化学性质均匀的非多孔固体上吸附时常见。比如，将炭在 2700℃以上进行石墨化处理后再吸附氮气、氩气、氪气。这种阶梯形等温线是先形成第一层二维有序的分子层后，再吸附第二层。吸附第二层显然受第一层影响，因此等温线成为阶梯形。已吸附的分子发生相变化时也呈阶梯形，但只有一个台阶。发生Ⅵ型相互作用时，达到吸附平衡所需时间长。形成结晶水时也出现明显的阶梯形状(图 4-1)。

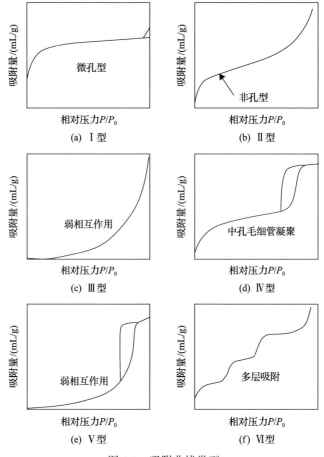

图 4-1　吸附曲线类型

(二)迟滞效应

　　若吸附、脱附不完全可逆，则吸附、脱附等温线是不重合的，这一现象称为迟滞效应，即结果与过程有关，多发生在Ⅳ型吸附平衡等温线上。低相对压力区与单层吸附有关，由于单层吸附具有可逆性，在低相对压力区不存在迟滞现象。

　　等温吸附线可以按吸附过程分为三段：低压段$(0<P/P_0\leqslant0.45)$缓慢上升，样品与氮气之间存在较强的作用力，主要存在单分子层吸附，吸附-脱附等温线较为接近；根据 BET 方程，中压段$(0.45<P/P_0\leqslant0.8)$上升缓慢，反映微孔逐渐填满，当多分子吸附层足够厚时，开始发生毛细凝聚现象；高压段$(0.8<P/P_0<1)$急剧上升，反映样品中有大孔和中孔，对应着毛细凝聚阶段。吸附等温线的研究与测定可以获取吸附剂和吸附质性质的信息。而脱附过程仅由毛细

凝聚引起：当在与吸附相同的相对压力下脱附时，只能使毛细管液面上的蒸汽脱附，若想使吸附的分子脱附，则需要更小的相对压力，故出现了脱附的迟滞现象，形成了迟滞回线。

迟滞回线与孔隙中的毛细凝聚作用相关，所以每一种迟滞回线的类型均能对应一定的孔隙结构特征。IUPAC 将等温吸附线分为四种类型，指定为 H1 型～H4 型(图 4-2)，分别对应圆柱形孔隙、细颈墨水瓶形孔隙、楔状孔隙和狭缝形孔隙。

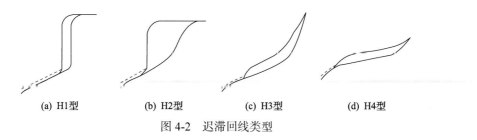

| (a) H1型 | (b) H2型 | (c) H3型 | (d) H4型 |

图 4-2　迟滞回线类型

H1 型迟滞回线较窄，吸附与脱附分支垂直于压力轴且互相平行，多是孔尺寸高度均一和形状规则的简单连通孔造成的，对应着狭窄、两边开放的圆柱形孔隙。

H2 型迟滞回线较为宽大，脱附分支开始时十分平缓，待到中等压力时变陡，根据开尔文(Kelvin)定律——越小孔径中的气体在越低的压力下越容易发生毛细凝聚，对于这种口小腔大的瓶状孔，吸附时凝聚在孔口的液体为孔体的吸附和凝聚提供蒸汽，而脱附时则挡住孔体蒸发出的气体，必须等到孔口的液体蒸发汽化后开始脱附。也就是说，吸附线体现的是孔腔处的情况，而脱附线体现的是孔颈处的特征，对应着细颈墨水瓶形孔隙。

H3 型迟滞回线的吸附分支在中低压段上升缓慢，相对压力变高后吸附分支变陡，是由不均匀的狭缝状孔引起的，对应着楔状和板状孔隙；只有当压力接近饱和蒸气压时才开始发生毛细凝聚，蒸发时，由于板间不平行，Kelvin 半径是变化的，因此，曲线并不像平行板孔那样急剧下降，而是缓慢下降。

H4 型迟滞回线的吸附与脱附分支在大部分相对压力下都保持着平行于压力轴且互相平行的状态，是由形状和尺寸均匀的狭缝状孔引起的，对应着狭缝形孔隙。区别于粒子堆集，H4 型迟滞回线是一些由类似层状结构产生的孔。开始凝聚时，由于气液界面是大平面，只有当压力接近饱和蒸气压时才发生毛细凝聚(吸附等温线类似Ⅱ型)。蒸发时，气液界面是圆柱状，只有当相对压力满足时，蒸发才能开始。

　　页岩样品的滞后回线并不属于单一的一种类型,而是多属于两种滞后回线类型的组合,主要有三种:总体为 H2/H3 型,少量为 H3 型与 H2/H4 型(图 4-3)。H2/H3 型为样品的主要类型,即同时拥有 H2 型与 H3 型的孔隙特征,反映出样品中的孔隙为楔状和板状孔隙,同时又拥有细颈墨水瓶形特征,有利于气体的存储与吸附,不利于气体的渗流与解吸,孔隙类型十分复杂;H3 型则对应着较为单一的楔状孔隙,连通性较好;H2/H4 型即同时拥有 H2 型与 H4 型的孔隙特征,反映出样品中的孔隙主要为狭缝形孔隙,同时又拥有细颈墨水瓶形特征。研究发现,H2/H4 型迟滞回线出现在五峰组与龙一$_1^1$的样品中,对应着较大的分形维数;H3 型迟滞回线仅出现在龙一$_2$亚段的三个样品中,对应着最小的三个分形维数值,分别为 2.7752、2.8073、2.8216,说明以板状和楔状孔隙为主的样品孔隙结构相对简单,分形维数较小,渗流能力较强但储气能力较差。

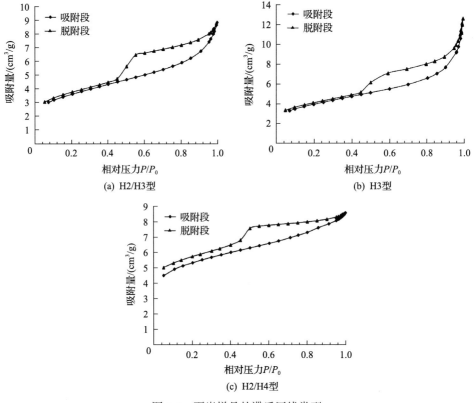

图 4-3　页岩样品的滞后回线类型

(三)孔径分布测试原理

气体吸附法孔径分布测试是通过静态体积法,测量某一平衡蒸气压之下吸附或者脱附于固体表面的气体量。装有固体吸附剂的样品室保持在低于气体临界温度下的某一恒定温度,通过对样品室注入或者排出一定量的气体来获取数据。在吸附或者脱附发生时,样品室内的压力会发生改变并逐渐达到平衡。平衡压力下,气体的吸附量或者脱附量是实际注入或者排出气体量与充满样品室内除去固体吸附及所占体积之外的孔体积所需气体量之差。

所谓毛细凝聚现象是指,在一个毛细孔中,若能因吸附作用形成一个凹形的液面,与该液面呈平衡状态的蒸气压 P 必小于同一温度下平液面的饱和蒸气压 P_0,当毛细孔直径越小时,凹液面的曲率半径越小,与其相平衡的蒸气压越低,换句话说,当毛细孔直径越小时,可在较低的相对压力 P/P_0 下,在孔中形成凝聚液,但随着孔尺寸增加,只有在高一些的 P/P_0 下形成凝聚液,显而易见,毛细凝聚现象的发生,将使样品表面的吸附量急剧增加,因为有一部分气体被吸附进入微孔中并呈液态,当固体表面全部孔中都被液态吸附质充满时,吸附量达到最大,而且相对压力 P/P_0 也达到最大值 1。相反的过程也是一样的,当吸附量达到最大,降低其相对压力时,首先大孔中的凝聚液被脱附出来,随着相对压力逐渐降低,由大到小的孔中的凝聚液分别被脱附出来。设定粉体表面的毛细孔是圆柱形管状,把所有微孔按孔径大小分为若干孔区,并按从大到小的顺序排列,不同孔径的孔产生毛细凝聚的压力条件不同,在脱附过程中相对压力从最高值(P_0)降低时,先是大孔再是小孔中的凝聚液逐一脱附出来,显然可以产生凝聚现象,从凝聚态脱附出来的孔的尺寸和吸附质的压力有一定的对应关系,Kelvin 公式给出了这个关系:

$$r_K = -0.414 \lg(P/P_0) \tag{4-1}$$

式中,r_K 为开尔文半径,完全取决于相对压力 P/P_0,即在某一相对压力 P/P_0 下开始产生凝聚现象的孔的半径,同时可以理解为当压力低于这一值时,半径为 r_K 的孔中凝聚液将气化并脱附出来。

二、孔径分布数据处理方法

所谓经典的宏观的热力学概念是基于一定的孔填充机理的假设。以 Kelvin 方程为基础的方法(如 BJH 法)是与孔内毛细凝聚现象相关的,所以其可应用于介孔分布分析,但不适用于微孔填充的描述,甚至对于较窄的介孔也不适用。

其他的经典理论，如 Dubinin-Radushkevich(DR)法和半经验处理的方法［如 Horvath-Kawazoe(HK)和 Saito-Foley(SF)法］仅致力于描述微孔填充而不能应用于中孔分析，这样，一种材料若既含有微孔又含有中孔，必须至少要用两个不同的方法从吸附/脱附等温线上获得孔径分布图。另外，宏观的热力学方法的准确性是有限的，因为它假设孔中的流体是具有相似热物理性质的自由流体。最近的理论和实验工作表明，受限流体的热力学性质与自由流体有相当大的差异，如产生临界点、冰点和三相点的位移等。

相对于这些宏观研究方法，DFT 和分子模拟方法［蒙特卡罗(Monte-Carlo, MC)模拟方法］是分子动力学方法。它们不仅提供了吸附的微观模型而且更真实地反映了孔中流体的热力学性质。基于统计机理的理论模型反映了分子行为的宏观性质。因此，为了使吸附现象更客观、孔径分析更加全面和准确，必须在分子水平和宏观探究之间建立起一座桥梁，而非均一性流体的 DFT 和 MC 模拟方法正是做到了这一点。这些方法考虑并计算了吸附在表面的流体和孔中流体的平衡密度分布，推导出模型体系的吸附/脱附等温线、吸附热、中子散射方式和转移特性。密度分布是通过 MC 模拟和 DFT，由分子间流体-流体和流体-固体间相互作用获得的。其中，流体-流体相互作用的参数是在低温环境下测量的，而固体-流体间相互作用的参数则是通过计算拟合平坦表面标准氮和氩的吸附等温线获得的。

DFT 则对孔中所有位置都计算平衡密度分布图，它是通过最小化自由能函数获得的。与流动相(也就是进行吸附实验的状态)平衡的孔体系有巨大的势能或自由能，该自由能构成了流体-流体之间和流体-孔壁之间相互作用的吸引或排斥的条件。该方法的难点在于建立流体-流体相互作用的正确描述。因此，在过去的十多年，人们采用不同的 DFT 研究方法，即所谓定域 DFT(LDFT)和非定域 DFT(NLDFT)。LDFT 法经常使用，但它不能在固体-流体界面产生一个强的流体密度分布振动特性，这导致吸/脱附等温线的描述不准确，特别是对狭窄微孔，相应得到一个不准确的孔径分析。相反地，NLDFT 和蒙特卡罗计算机模拟技术更加准确地提供了在狭窄孔中的流体结构。

(一)BJH 计算方法

吸附等温线计算孔径分布的代数过程存在多个变化形式，但均假定孔隙是刚性的，并具有规则形状(如圆柱状或狭缝状)，不存在微孔，孔径分布不连续超出此方法所能测定的最大孔隙，即在最高相对压力处，所有测定的孔隙均已被充满。

假设初始相对压力 $(P/P_0)_1$ 接近统一，则所有孔隙都充满液体。半径最大的孔隙有一层物理吸附的氮气分子，其厚度为 t_1，孔隙体积与内毛细管体积的关系表现为

$$V_{p1} = V_{k1} r_{p1}^2 / r_{k1}^2 \tag{4-2}$$

式中，r_{k1} 为内毛细管在 P/P_0 降低后液体开始蒸发时的半径，m；r_{p1} 为孔隙的最大半径，m；V_{p1} 为孔隙体积，m^3；V_{k1} 为初始状态下内毛细管体积，m^3。

当相对压力从 $(P/P_0)_1$ 降至 $(P/P_0)_2$ 时，比表面产生脱附反应形成体积 V_1。横向相对压力递减的平均厚度变化为 $\Delta t_1 / 2$，则最大孔径的脱附体积为孔隙体积可表示为

$$V_{p1} = V_1 \left(\frac{r_{p1}}{r_{k1}^2 + \Delta t_1 / 2} \right) \tag{4-3}$$

式中，V_1 为最大孔隙中液氮的排空体积，m^3；Δt_1 为物理吸附层减少的厚度，m。

当相对压力再次降低到 $(P/P_0)_3$ 时，脱附后的液体体积不仅包括下一个更大孔径的凝结物，而且包括最大孔隙中物理吸附层第二次变薄的体积。较小尺寸的孔径中脱附体积 V_{p2} 表示为

$$V_{p2} = \left(\frac{r_{p2}}{r_{k2} + \Delta t_2 / 2} \right)^2 \left(V_2 - V_{\Delta t_2} \right) \tag{4-4}$$

式中，r_{k2} 为第二次压力下降毛细管蒸发后的半径；r_{p2} 为第二次压力下降孔隙最大半径；V_2 为第二次压力下降最大孔隙的液量排空体积；Δt_2 为第二次压力下降物理吸附层减少的厚度；$V_{\Delta t_2}$ 为第二次压力下降物理吸附层减少的厚度体积。

$$V_{\Delta t_2} = \Delta t_2 \cdot A_{c1} \tag{4-5}$$

式中，A_{c1} 是先前气体吸附的空孔道的暴露面积。则式(4-5)可推导为

$$V_{\Delta t_n} = \Delta t_n \cdot \sum_{j=1}^{n-1} A_{cj} \tag{4-6}$$

式中，$\sum_{j=1}^{n-1} A_{cj}$ 为未填充孔道中平均面积的和，不含脱附过程中被清空的孔道；

Δt_n 为第 n 次压力下降物理吸附层减少的厚度。

用一般值替换 $V_{\Delta t_2}$ 代入式(4-4)得到了计算各种相对孔隙体积的精确表达式：

$$V_{pn} = \left(\frac{r_{pn}}{r_{kn} + \Delta t_n / 2} \right)^2 \left(\Delta V_n - \Delta t_n \sum_{j=1}^{n-1} A_{cj} \right) \tag{4-7}$$

式中，r_{pn} 第 n 次压力下降孔隙最大半径；r_{kn} 为第 n 次压力下降毛细管蒸发后的半径；ΔV_n 为第 n 次压力下降最大孔隙的液氮排空体积。

任何大小空孔道的暴露面积(A_c)都不是常数，而是随 P/P_0 的逐渐减小而变化。每个孔隙的表面积 A_p 都是常数，并且可以根据孔隙体积进行计算。假定孔隙是圆柱形孔，则有

$$A_p = \frac{2V_p}{r_p} \tag{4-8}$$

式中，V_p 为累积孔隙体积。因脱附过程中任何步骤的 A_p 已知，故能求出累积孔隙表面积。

BJH 计算方法意味着可提供每个相对压力下 $\sum A_{cj}$ 到 A_p 的算法，压力递减规律如下。

假设在相对压力下降过程中，吸附气体从孔隙表面脱附出来，这些孔隙可以根据 Kelvin 方程计算得到一个平均半径 r_p，它是由脱附过程中某一相对压力 P/P_0 前后两个半径值计算得到的。平均毛细管半径可以表示为

$$\bar{r}_c = \bar{r}_p - t_{\bar{r}} \tag{4-9}$$

式中，$t_{\bar{r}}$ 为在当前压力递减间隔区间内平均孔径的吸附层厚度，可通过方程式(4-10)进行计算：

$$t_{\bar{r}} = \left[\frac{13.99}{\lg(P/P_0) + 0.034} \right]^{1/2} \tag{4-10}$$

BJH 方法在 H1 型介孔材料中，因内部孔道的连通性、孔型的多样性和孔径的分散性等，在小于 4nm 孔径范围内脱附时，氮气分子吸附出现毛细凝聚现象，容易产生假峰，对结果会有 10%～20% 的误差，所以用 BJH 处理数据时，最好用吸附等温线进行计算。

（二）DH 算方法

Doltimore-Heal（DH）在计算上比 BJH 计算方法更简单，适用于圆柱形孔径，取点计算范围与 BJH 计算方法相同。与 BJH 计算方法的不同之处在于，$V_{\Delta t_n}$ 的计算方法是

$$V_{\Delta t_n} = \Delta t_n \sum A_p - 2\pi t_n \Delta t_n \sum L_p \qquad (4-11)$$

式中，$\sum A_p$ 为脱附过程中所有孔径中凝结物的表面积，m^2；$\sum L_p$ 为脱附过程中所有孔径中凝结物的长度，m；t_n 为脱附过程中孔径的吸附层厚度。

假设孔隙是圆柱状的，通过各脱附步骤的计算，可以计算出累积孔隙表面积和长度，表达式如下：

$$
\begin{aligned}
A_{pz} &= \frac{2V_{pz}}{\bar{r}_p} \\
L_{pz} &= \frac{A_{pz}}{2\pi \bar{r}_p}
\end{aligned}
\qquad (4-12)
$$

式中，A_{pz} 为累积孔隙表面积，m^2；V_{pz} 为累积孔隙体积，m^3；L_{pz} 为累积孔隙长度，m；$\bar{r}_p$ 为平均半径，m。

（三）DR 计算方法测定微孔体积

早期研究开发的活性炭微孔孔隙率的方法可用于分析其他微孔材料。纯气体在微孔吸附剂上的吸附等温线可用波拉尼（Polanyi）势理论描述。当吸附质/吸附剂体系受吸附剂特殊的化学性质影响时，任一该体系可由吸附势 E 来表征。在给定的相对压力 P/P_0 下，总微孔体积 V_{micro} 的一部分填充体积 V_a 与吸附势 E 的关系如下：

$$V_a = f(E) \qquad (4-13)$$

Dubinin 认为吸附势等于将已吸附分子转变为气相分子所做的功。当 T 小于临界温度时，由 Polanyi 势能理论，E 可由式（4-13）得出：

$$E = RT\ln\frac{P_0}{P} \qquad (4-14)$$

式中，T 为温度；R 为材料分子的吸附势能。

对于一给定的吸附剂，基于 Polanyi 的恒定温度"特征曲线"（即 V_a 对 E 曲线）概念，Dubinin 和 Radushkevich 得出如式(4-15)所示的经验方程：

$$V_a = V_{micro} \exp \left\{ - \left[\left(\frac{RT}{\beta E_0} \right) \ln \frac{P_0}{P} \right]^2 \right\}$$ (4-15)

特征吸附势 E_0 与孔径分布相关。对于一给定的吸附剂，亲和系数 β 使不同吸附质的特征曲线与某些可用作随机标准的特殊吸附质的特征曲线相一致。则 Dubinin 等温线可写作对数形式的直线方程，如式(4-16)所示：

$$\lg V_a = \lg V_{micro} - D \left(\lg \frac{P_0}{P} \right)^2$$ (4-16)

式中，D 为吸附孔直径，且有

$$D = 2.303 \left(\frac{RT}{\beta E_0} \right)^2$$ (4-17)

取值以相对压力在 $10^{-4} < P/P_0 < 0.1$ 范围内的数据为宜。

（四）DA 计算方法

DR 计算方法可以很好地表征大量微孔材料的吸附等温线。但是，对于那些带有异质分布或强活性炭的材料，DR 计算方法未能对吸附数据进行线性化。在微孔的吸附材料上，描述更广泛的 Dubinin-Astakhov（DA）计算方法被提出：

$$M = M_0 \exp \left\{ - \left[\frac{-RT \ln(P/P_0)}{E} \right]^n \right\}$$ (4-18)

式中，M 为 P/P_0 和 t 吸附的质量；M_0 为总吸附质量；E 为吸附势能；n 为非整数值（一般在 1~3）。DA 计算方法要求对参数 n 和 E 进行二次计算，通过非线性曲线拟合在低相对压力、微孔条件下的吸附等温线区域得到的 n 和 E 的值，用在式(4-19)中：

$$\frac{d(M/M_0)}{dr} = 3n \left(\frac{K}{E} \right)^n r^{-(3n+1)} \exp \left[- \left(\frac{K}{E} \right)^n r^{-3n} \right]$$ (4-19)

式中，r 为孔隙半径，nm；K 为斜率，N_2 取 $2.96kJ\cdot(nm^3/mol)$，Ar 取 $2.34kJ\cdot(nm^3/mol)$。

（五）DFT 计算方法

DFT 计算方法适用于很多吸附质和吸附剂体系，且不局限于某一种孔隙结构，准确度高，因此适用于分析微孔和介孔样品的孔径分布。DFT 计算方法从分子水平上描述了受限于孔内的流体特性。其应用可将吸附质气体的分子性质与它们在不同尺寸孔内的吸附性能联系起来。

用 DFT 方法计算孔径分布，须选择正确的气体-固体相互作用参数。

对积分吸附方程（IAE）进行求解计算孔径分布。IAE 可将理论吸附/脱附等温线的核与实验吸附等温线联系起来。从实验吸附等温线得到的吸附体积数据，可由 IAE 方程计算得到 $N(P/P_0)$，如式（4-20）所示：

$$N\left(P/P_0\right) = \int_{W_{\min}}^{W_{\max}} N\left(P/P_0, W\right) f\left(W\right) \mathrm{d}W \tag{4-20}$$

式中，W 为孔宽（狭缝孔中指对壁间距；圆柱形和球形孔中指孔径）；$N(P/P_0, W)$ 为不同孔径孔的理论等温线的核；$f(W)$ 为孔径分布函数。

（六）HK 微孔分布计算方法

Horvath-Kawazoe（HK）计算方法能够从吸附等温线的低相对压力区域计算微孔的孔径分布。从描述毛细凝结现象的 Kelvin 文方程出发，推导出多种孔径分布方法。有人质疑毛细冷凝法在微孔小范围内的可靠性，推导了与开尔文方程无关的 HK 方法。

HK 计算方法表达了狭缝状微孔内的吸附势函数与有效孔宽的函数关系：

$$\ln\left(\frac{P}{P_0}\right) = N_A \frac{N_s A_s + N_m A_A}{\sigma^4(1-d)} x \left[\frac{\sigma^4}{3\left(l-\frac{d}{2}\right)^3} - \frac{\sigma^{10}}{9\left(l-\frac{d}{2}\right)^9} - \frac{\sigma^4}{3\left(\frac{d}{2}\right)^3} - \frac{\sigma^{10}}{9\left(\frac{d}{2}\right)^9} \right] \tag{4-21}$$

式中，

$$A_s = \frac{6mC^2\alpha_s\alpha_A}{\dfrac{\alpha_s}{x_s} + \dfrac{\alpha_A}{x_A}} \tag{4-22}$$

$$A_A = \frac{3mC^2\alpha_A x_A}{2} \tag{4-23}$$

式中，N_s 为单位面积吸附剂的原子数；A_s 为吸附过程中吸附剂的 Kirkwood-Mueller 常数；N_m 为单位面积吸附剂的分子数；A_A 为脱附过程中吸附剂的 Kirkwood-Mueller 常数；l 为两层吸附剂之间的距离；$d=d_s+d_A$，d_s 为吸附过程中吸附剂分子直径，d_A 为脱附过程中吸附剂分子的直径；$\sigma=0.858d/2$；m 为电子质量；C 为光速；α_s 为吸附过程中吸附剂的极化率；α_A 为脱附过程中吸附剂的极化率；x_A 为脱附过程中吸附剂的磁化率；x_s 为吸附过程中吸附剂的磁化率；N_A 为阿伏加德罗常数。

通过选择微孔范围内的有效孔隙宽度，可用式(4-21)计算相应的相对压力。由此可看出对于某一给定尺寸和形状的微孔会在某一特定压力下发生微孔填充。该特征压力则直接与吸附剂-吸附质相互作用能有关。

(七)SF 计算方法

即使 HK 计算方法适用于具有狭缝状孔隙(活性炭、层状黏土)的材料，某些固体(如沸石)在假设圆柱孔隙几何形状的情况下也能得到更好的表示。因此，Saito-Foley(SF)计算方法被发展成为基于狭缝孔的 HK 计算方法的替代方法。与 HK 计算方法一样，SF 计算方法可以独立于 Kelvin 方程计算微孔材料的孔径分布，计算方法类似于 HK 计算方法，只是假定了圆柱孔隙几何形状。方程如下：

$$\ln\left(\frac{P}{P_0}\right) = \frac{3\pi N_A}{4} x \frac{(N_s A_s + N_m A_A)}{(d/2)^4} x \sum_{k=0}^{\infty}\left(\frac{1}{k+1}\right)G \tag{4-24}$$

$$G = \left[1-\left(\frac{d}{D}\right)\right]^{2k}\left[\left(\frac{21}{32}\right)a_k\left(\frac{d}{D}\right)^{10} - b_k\left(\frac{d}{D}\right)^4\right] \tag{4-25}$$

$$a_k = \left(\frac{-1.5-k}{k}\right)^2 \tag{4-26}$$

$$b_k = \left(\frac{-4.5-k}{k}\right)^2 \tag{4-27}$$

式中，k 为毛细管数量；D 为吸附孔直径，$D-d_s$=有效孔径。

式(4-24)～式(4-27)的数值解也类似于 HK 计算方法，得到了微孔范围内圆柱孔隙的孔径分布和累积孔隙体积。

三、N₂吸附孔径分布测试方法

(一)实验仪器和方法

采用美国康塔仪器公司的 Autosorb-6B 比表面积及孔径分析仪(图 4-4),电压为 100～240V，50/60Hz，可以同时测量六块样品，仪器主要通过静态体积法测量某一平衡蒸气压之下吸附或者脱附于固体表面的气体量。样品经洗油处理后研磨成 36～60 目的粉末，由于样品中常含有部分未完全洗脱的油、残留的束缚水或因长久置于空气中吸附的水汽，测试前每份样品经过 150℃、4～5h的真空法脱气预处理。预处理是否满足测试要求需要通过脱气检测试验来确定，确定的标准是在升温条件下，样品的压力增长不超过每分钟 50μm 汞柱。样品室形状为长玻璃管下端连接球状玻泡，选择 9mm 直径的玻璃管，将样品粉末加至玻泡体积的 1/3，将系统压力的平衡时间设置为 3min。吸附发生时，随着压力不断升高，在每个压力点都会达到一个平衡状态，改变压力即可得到不同相对压力下的吸附数据，然后逐步降低压力，分别测定不同相对压力下氮气的吸附量与解吸量。以平衡压力与氮气饱和蒸气压的比值 P/P_0 为横坐标、单位多层吸附量 V 为纵坐标得到吸附-脱附等温线。

图 4-4　Autosorb-6B 比表面积及孔径分析仪

Autosorb-6B 比表面积及孔径分析仪可以在相对压力为 0.001 至略小于 1 的区间内测量氮气的吸附量和脱附量。当使用氮气并添加微孔测试选项时，相对压力下限可以更低。Autosorb-6B 比表面积及孔径分析仪利用一系列内置的计算程序可将所获得的体积-压力数据转换为 BET 表面积(单点或者多点)、Langmuir 表面积、吸附或者脱附等温曲线、孔径及表面分布、微孔体积和表面积。

(二)比表面积测试

BET 测试理论是根据 Brunauer、Emmett、Teller 三人提出的多分子层吸附模型，并推导出单层吸附量 V_m 与多层吸附量 V 间的关系方程，即著名的 BET 方程。BET 方程是建立在多层吸附的理论基础之上，与物质实际吸附过程更接近，因此测试结果更准确。放到气体体系中的样品，其物质表面(颗粒外部和内部通孔的比表面积，见图 4-5)在低温下将发生物理吸附。当吸附达到平衡时，测量平衡吸附压力和吸附的气体量，根据 BET 方程求出试样单分子层吸附量，从而计算出试样的比表面积。

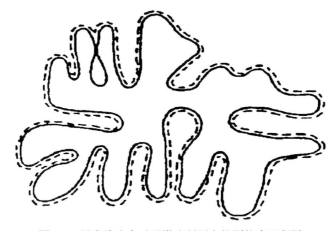

图 4-5 用虚线法表示吸附法所测定的颗粒表面积图

样品为过筛处理后的页岩储层岩石颗粒，过筛的目的是选择合适的目数，既不破坏介孔和微孔，又能测到绝大多数的孔隙。经过大量的研究实验得出，过筛目数为 20～36 目较为适宜。

在液氮温度下，氮气在固体表面的吸附量取决于氮气的相对压力 P/P_0，P 为平衡压力，P_0 为液氮温度下氮气的饱和蒸气压；当 P/P_0 在 0.05～0.35 范围内时，吸附量与 P/P_0 符合 BET 方程。同时大量实验结果表明，多数催化剂的吸附实验数据按 BET 作图时的直线范围一般是 P/P_0 为 0.05～0.35，这是氮气吸附法测定粉体材料比表面积的依据；当 P/P_0 约为 0.4 时，由于产生毛细凝聚现象，即氮气开始在微孔中凝聚，通过实验和理论分析，可以测定孔容、孔径分布。所谓孔容、孔径分布是指不同孔径孔的容积随孔径尺寸的变化率。

$$\frac{P/P_0}{V\left(1-P/P_0\right)}=\frac{C-1}{V_{\mathrm{m}}C}\times P/P_0+\frac{1}{V_{\mathrm{m}}C} \tag{4-28}$$

令 P/P_0 为 X、$\frac{P/P_0}{V\left(1-P/P_0\right)}$ 为 Y、$\frac{C-1}{V_{\mathrm{m}}C}$ 为 A、$\frac{1}{V_{\mathrm{m}}C}$ 为 B，便可得到一条斜率为 A、截距为 B 的直线方程：$Y=AX+B$，如图 4-6 所示。

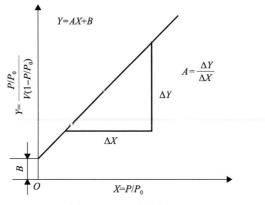

图 4-6　BET 方程图

通过一系列对相对压力 P/P_0 和多层吸附量 V 的测量，由 BET 图或最小二乘法求出斜率 A 和截距 B 的值，并导出单层容量和 BET 参数 C 值表示吸附剂和吸附质之间的相互作用力，但不能用作定量计算吸附热。采用氮气作吸附气体时，截距相对斜率而言，往往是比较小的，$C>1$。

(三)N_2 吸附测试孔径分布

四川南部地区某井龙马溪组 N_2 吸附测试结果如图 4-7 所示，页岩的 N_2 吸附、脱附曲线均具有明显的 H4 迟滞环。对比各岩样的等温吸附解吸曲线可发现各曲线形态差异性较大，说明样品孔径分布非均质性较强。当相对压力 P/P_0 小于 0.4 时，脱附曲线几乎与吸附曲线重合，而当相对压力 P/P_0 为 0.4～0.5 时脱附曲线出现明显的拐点，可知此类曲线对应的孔隙以两端开放平行壁的狭缝状孔为主。

采用 BJH 方法计算孔径分布，四川南部地区龙马溪组页岩介孔发育，从孔径分布曲线可以看出：孔径 6nm 和 30nm 对应的孔容值分别存在高峰，所占比例超过 60%(图 4-8)。

图 4-9 对比了页岩和致密砂岩比表面积与 N_2 吸附孔容之间的关系。N_2 吸附测试的孔容为孔径在 2～200nm 孔隙的累积孔容。页岩比表面积明显高于致密砂

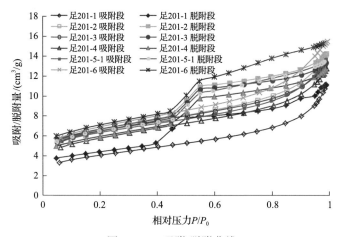

图 4-7　N_2 吸附/脱附曲线

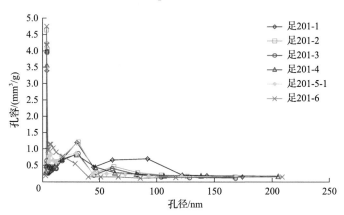

图 4-8　N_2 吸附测试的孔径与孔容分布曲线

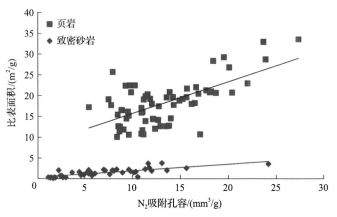

图 4-9　N_2 吸附测试比表面积与累积孔容关系

岩比表面积，页岩比表面积分布范围在 $10.11\sim33.58m^2/g$，平均值为 $18.25m^2/g$，致密砂岩比表面积分布范围在 $0.12\sim3.80m^2/g$，平均值为 $1.50m^2/g$，页岩平均比表面积比致密砂岩平均比表面积高 11.2 倍以上。整体上，页岩在孔径为 $2\sim200nm$ 的孔隙孔容也高于致密砂岩。

四、二氧化碳吸附孔径分布测试方法

(一)实验仪器和方法

多孔介质的孔径分布是通过分析在 $-196℃$ 下测得的氮吸附等温线来计算的。然而，在这样的低温下，氮分子向碳微孔的扩散非常缓慢，扩散能力限制可能影响孔径小于 0.7nm 超微孔的吸附。多孔有机碳通常含有广泛的孔径分布，包括超微孔，但这会导致测量耗时长、吸附等温线不平衡等问题，进行二氧化碳吸附分析可以消除这类问题。

在 0℃时，二氧化碳的饱和压力非常高(3.49MPa)，因此在中等绝对压力($0.0001\sim0.1MPa$)范围内可实现微孔分析所需的低相对压力测量。尽管两种气体的分子临界尺寸相似，但在高温和较高绝对压力下，二氧化碳分子比氮气分子下更容易进入超微孔。因此，这种测量可以在没有高真空设备和低压传感器的情况下进行。利用密度泛函理论或蒙特卡罗模拟等分子动力学模型，可以分析在这种条件下测得的二氧化碳吸附等温线，以提供有关微孔结构的详细信息。

与在 $-195℃$ 下进行的 N_2 吸附孔径分析相比，在 0℃ 下进行二氧化碳微孔分析的主要优势为：①更快的扩散速度。由于较快的扩散速度，平衡速度更快，更能保证吸附平衡，因此可以在更短的时间内完成等温线测量，即二氧化碳约 3h，而氮气超过 10h。②可以测量更小的孔隙。采用比氮气分子(直径为 0.364nm)更小的二氧化碳分子(直径为 0.33nm)。③在仪器设备方面，无须涡轮分子泵的高真空系统，0.001mm 汞柱的真空就足够；无须低压传感器，1000mm 汞柱传感器就可以满足测试需要。

二氧化碳吸附法测孔径分布利用的仍然是吸附过程中产生的毛细冷凝现象，通过所获取的等温吸附/脱附数据由可以描述或模拟低温二氧化碳吸附的数学模型(DA 方程、DR 方程、密度函数理论及非定域密度函数理论)来获取相应的孔径分布。

(二)二氧化碳吸附测试微孔孔径分布

仍采用美国康塔仪器公司生产的 Autosorb-6B 比表面积及孔径分析仪进行测试。二氧化碳吸附的测试温度是 0℃，在该温度下二氧化碳的饱和蒸气压为

3.48MPa，在与氮吸附相同的平衡压力 0～0.1MPa 下，二氧化碳吸附测试的相对压力为 0～0.029，吸附/脱附曲线如图 4-10 所示，采用非定域密度函数理论进行孔径分布计算，由实验数据图(图 4-11)分析可得，存在大量微孔，这是常规测试方法无法达到的精度，微孔分布中出现两个明显的波峰，分别是 0.5nm 和 0.8nm，微孔孔隙大小主要集中在 0.45～0.6nm 和 0.8～0.85nm 两个区间。

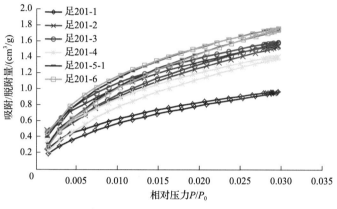

图 4-10　二氧化碳吸附/脱附曲线

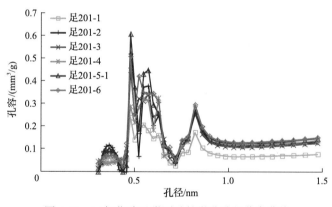

图 4-11　二氧化碳吸附测试的微孔孔径分布曲线

第二节　高压压汞孔径分布测试方法

一、高压压汞法实验原理

常规压汞仪法不能有效描述页岩纳米级孔隙结构。高压压汞可以表征储层岩心的微观孔隙结构特征，包括大量亚微米级的孔隙。对岩石而言，汞为非润湿相，如欲使汞注入岩石孔隙系统内，必须克服孔隙喉道所造成的毛细管压力。

因此，当求出与汞平衡的毛细管压力和压入岩样内的汞的体积，便能得到毛细管压力和岩样中汞饱和度的关系。其中毛细管压力 P_c 与孔隙半径 r、界面张力 σ、静态接触角 θ 满足 Washburn 方程：

$$P_c = \frac{2\sigma\cos\theta}{r} \tag{4-29}$$

基于上述原理，可以用压汞法测定孔隙系统中的两项参数，即各种孔隙喉道的半径值及相应的孔隙容积值。由式(4-29)可以得知：①当给一定的外加压力将汞注入岩样，则可根据平衡压力计算出相应的孔隙喉道半径值。②在这个平衡压力下进入岩样孔隙系统中的汞体积，应是这个压力相应的孔隙喉道所控制的孔隙容积。③孔隙喉道越大，毛细管阻力越小，注入汞的压力也小。因此，在注入汞时随注入压力的增高，汞将由大到小逐次进入其相应喉道的孔隙系统中去。页岩富含大量微孔，因此需要用高压压汞实验来研究其亚微米级孔喉结构特征。根据压汞实验得到的进汞量和相应的压力，作出毛细管压力曲线，然后根据式(4-29)计算出孔隙或孔隙和喉道半径分布曲线。

二、高压压汞仪及测量方法

(一)仪器介绍

实验采用美国康塔仪器公司的 PoreMaster 高压压汞仪(图 4-12)，该仪器的

图 4-12　美国康塔仪器公司的 PoreMaster 高压压汞仪

最高测试压力为 414MPa，可以测量的最小孔径为 3.6nm。但是由于页岩中的孔隙十分微小，汞不易进入页岩中纳米级的孔隙，导致进汞饱和度降低，无法分析绝大部分孔径为 50nm 以下的孔隙范围，所以，高压压汞法使用的 Washburn 方程对宏孔的分析很准确，但对微孔和介孔的分析就存在较大误差。合理的做法是采用高压压汞测试法主要分析宏孔的孔隙范围。

（二）实验方法及步骤

（1）获取实验样品。从页岩上切割出 1cm^3 的小块。抛光后应洗去粘连的颗粒，因为这些颗粒会影响样品质量并堵塞孔道，将样品干燥至恒重（易于水合的样品，宜用非水液体进行冲洗），最后称取样品的质量。将样品放置到干净、干燥的样品膨胀计中。为了防止样品被二次污染，如水蒸气重吸附，最好在氮气保护下，用一清洁的手套小心装样，将样品膨胀计最终转移至测孔仪中。

（2）在膨胀计中给样品抽真空。向样品膨胀计充汞前对样品进行抽真空的目的是去除样品中的大多数蒸汽和气体。

（3）向样品膨胀计充汞。在开始测量前为了修正外压力，必须记录真空条件下样品上端汞的静压强。已充汞的样品膨胀计处于垂直状态时，充汞压力是外压力和静压之和；样品膨胀计处于水平位置时充汞可使静压减到最小，但将样品膨胀计旋转至垂直位置时必须考虑静压，典型的填充压力应小于 5kPa。

（4）将样品膨胀计转移至高压单元（如需要应补充汞），以便利用毛细管的总长将系统压力增至低压单元的终压力，并记录在该压力下的注汞体积，因为后续的进汞体积即由此初始体积值计算得出。依据汞进入孔时的适当平衡条件和所关注的特定孔所需精度，通过汞面上液压油，以分级连续或步进方式增压。随着汞被压入孔体系，可以测出作为外压力函数的汞柱降低，通过图表或计算机记录压力和相应的注汞体积。如果需要，可以测定采用分级步进或连续方式减压的退汞曲线。当达到所需的最大压力时，小心地降低压力至大气压，压力下降时需采集各段退汞体积。

（5）实验完毕后取出样品膨胀计之前，确保仪器内的压力已降至大气压，目测确认汞已渗透到大部分样品之中。

三、毛细管压力曲线

高压压汞的毛细管压力曲线反映出各孔喉段孔隙的发育情况及孔隙之间的连通性，可在一定程度上表征孔喉的分选性、分布歪度以及平均孔喉半径，是孔隙结构的直观反映。5 块岩样的毛细管压力曲线如图 4-13 所示，排驱压力较高,平均为28.7MPa,反映出储层渗透率较低;平均进汞饱和度仅为47.1%,进汞饱和度较低;大部分进汞、退汞曲线不重合现象明显,说明巨大的毛细管压力阻碍了退汞,也就意味着页岩样品中存在大量的微孔,退汞效率非常低;进汞、退汞体积差异较大,反映了样品极低的孔隙度和复杂的孔隙结构,微孔与中孔、大孔相互连通,但孔喉细小,连通性较差;每个样品的进汞、退汞曲线形态都存在一定的差异性,说明各样品的孔径分布特征也存在差异性。

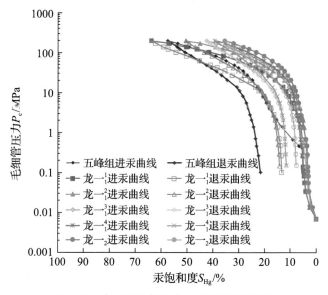

图4-13　大足地区某井岩心进汞和退汞曲线

第三节　页岩全尺度孔径测试与分析方法

页岩气藏储层岩心的孔隙尺度分布跨度非常大,包括微孔(孔径<2nm)、介孔(2nm≤孔径≤50nm)、宏孔(孔径>50nm),单一孔隙结构研究方法难以获取页岩的全尺度孔隙尺度分布,气体吸附法中吸附质气体的选择与孔径大小有关,受吸附质气体饱和蒸气压、液化温度及三相点等物理性质的影响,气体吸附法一般测试微孔和介孔孔径分布,压汞法中为了使汞进入孔径更小的孔隙,须对汞施加更高的压力,因受测试仪器的压力极限的影响,压汞法测试孔径范围一般在几纳米到几百微米之间,因此压汞法对微孔测试困难,急需一种科学的直接研究包括微孔、介孔、宏孔在内的全尺度孔径分布测试方法。

一、全尺度孔径分布测试方法

(一)测试方法及流程

一种可行的方法是进行高压压汞和气体吸附法联合测试获得孔隙分布数据，通过对气体吸附法和高压压汞法获得的重复孔径的孔径分布数据进行差异性判断，再结合两种方法获得不重复孔径的孔径分布数据，从而可以计算微孔、介孔和宏孔在岩石样品中所占的比例，获得岩石样品全尺度孔径分布数据。本全尺度孔径分布测试方法简单、方便，为研究页岩气赋存特征提供了重要的理论基础。

具体测试流程如下：将页岩样品等分成三份，一份用于低温二氧化碳吸附测试，一份用于 N_2 吸附测试，一份用于高压压汞法测试。利用气体吸附法(包括二氧化碳吸附法和 N_2 吸附法)和高压压汞法分别获得第一孔径分布数据和第二孔径分布数据，其中，第一孔径分布数据包括微孔孔径分布数据及孔径为 $0.35\sim200nm$ 的孔径分布数据，第二孔径分布数据包括孔径大于 $3.7nm$ 的分布数据，因此，第一孔径分布数据和第二孔径分布数据中重复孔径为 $3.7\sim200nm$。再判断重复孔径的孔径分布数据的差异性是否符合预设条件，根据判断结果获得处理后的孔径分布数据。

最后，根据第一孔径分布数据和第二孔径分布数据中不重复孔径的孔径分布数据以及处理后的孔径分布数据计算微孔、介孔和宏孔在岩石样品中所占的比例，获得岩石样品全尺度孔径分布数据。

(二)样品数据分析

将各层位样品(表 4-1)根据上述方法进行全尺度孔径分布测试和数据分析，图 4-14 和图 4-15 分别展示了大足地区某井和长宁地区某井各层位样品的全尺度孔径分布情况。

表 4-1 大足地区某井各层不同尺度孔径分布统计

层位	微孔孔容/(mm³/g)	介孔孔容/(mm³/g)	宏孔孔容/(mm³/g)	总孔容/(mm³/g)	微孔比例/%	介孔比例/%	宏孔比例/%
龙一₁⁴	5.16	14.34	1.94	21.44	24.07	66.88	9.05
龙一₁³	5.33	13.88	1.83	21.04	25.33	65.97	8.70
龙一₁²	4.82	18.79	2.10	25.71	18.75	73.08	8.17
龙一₁¹	5.75	24.91	17.38	48.04	11.97	51.85	36.18
五峰组	5.91	25.00	13.80	44.71	13.22	55.92	30.86

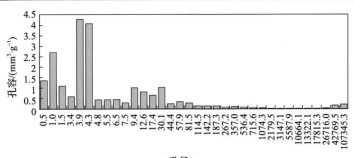

孔径/nm

(a) 龙一$_1^4$

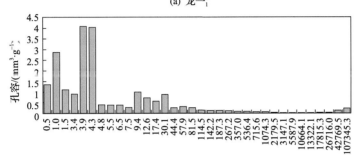

孔径/nm

(b) 龙一$_1^3$

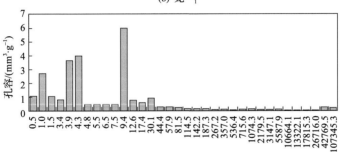

孔径/nm

(c) 龙一$_1^2$

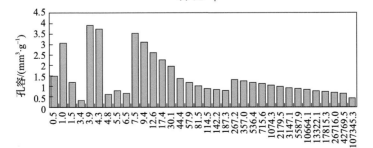

孔径/nm

(d) 龙一$_1^1$

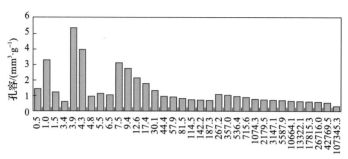

(e) 五峰组

图 4-14　大足地区某井岩心全尺度孔径分布

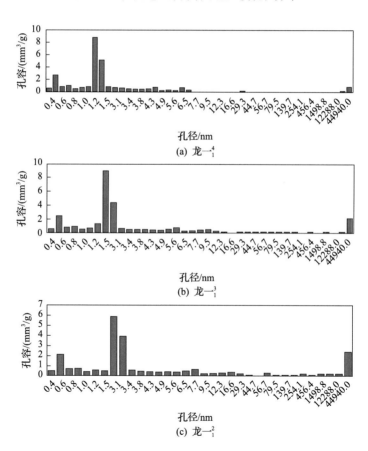

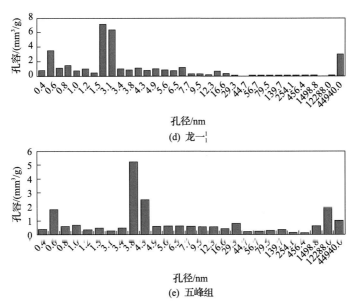

(d) 龙一$_1^1$

(e) 五峰组

图 4-15　长宁地区某井岩心全尺度孔径分布

大足地区页岩(表 4-1)介孔发育，介孔占总孔隙比例超过 50%，分布范围在 51.85%～73.08%，介孔所占平均比例为 62.74%。龙一$_1^1$和五峰组的宏孔比例大于等于 30.86%，微孔比例小于等于 13.22%；龙一$_1^2$、龙一$_1^3$、龙一$_1^4$的宏孔比例则小于等于 9.05%，微孔比例大于等于 18.75%。因此，龙一$_1^1$和五峰组应为压裂水平井开发的目的层。

从所获取的全尺度孔径分布来看，不同井之间、不同层位之间的孔径分布比例各异，但各井均以龙一$_1^1$、五峰组层位的宏孔比例相对于其他层位所占比例较高。大足地区某些井和长宁地区某井的页岩介孔含量都最高，介孔(2～50nm)所占比例平均都高达 60%以上，微孔次之，宏孔最少(表 4-2)。

表 4-2　长宁地区某井各层不同尺度孔径分布统计

层位	微孔孔容/(mm³/g)	介孔孔容/(mm³/g)	宏孔孔容/(mm³/g)	总孔容/(mm³/g)	微孔比例/%	介孔比例/%	宏孔比例/%
龙一$_1^4$	5.90	18.83	4.71	29.44	20.04	63.96	16.00
龙一$_1^3$	6.32	19.69	2.55	28.56	22.13	68.94	8.93
龙一$_1^2$	5.00	14.26	5.10	24.36	20.53	58.54	20.94
龙一$_1^1$	8.45	21.74	12.00	42.19	20.03	51.53	33.73
五峰组	4.19	13.26	4.58	22.03	19.02	60.19	20.79

由以上小层孔容分布直方图(图 4-16)可以看出，在大足地区某井和威远地区某井中龙一¦₁小层物性最好，储采能力优于其他小层，从全尺度孔径分布对比图(图 4-17)可以看出不但存在孔隙度接近的两块岩心其孔容分布特征相近的情况，而且也存在孔隙度接近的两块岩心的孔容分布特征差异较为明显的情况，说明岩样的宏观孔隙度相近并不意味着岩样的微观孔隙结构也相近，而微观孔隙对页岩的吸附解吸作用影响显著，微孔越多吸附量越大，所以即使岩样孔隙度一样它们对甲烷的吸附量也会存在较大差异。结合全尺度孔径分布对比图(图 4-17)和分段孔容对比图(图 4-18)可以看出主力储层孔容峰值靠右，发育的介孔和宏孔明显更多，尤其龙一¦₁小层发育大于 1μm 的宏孔，为游离气赋存、基质向裂缝耦合传质提供了广阔的空间。

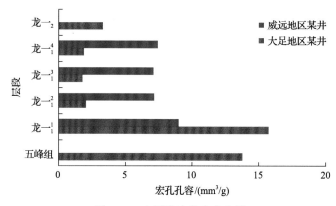

图 4-16　小层孔容分布直方图

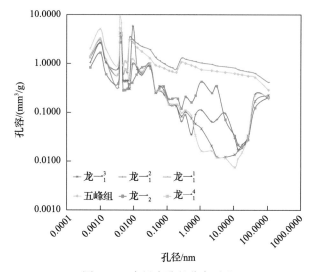

图 4-17　全尺度孔径分布对比

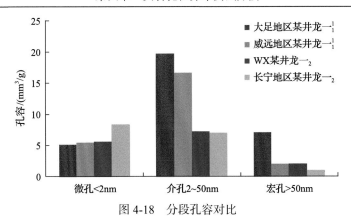

图 4-18 分段孔容对比

另取样品为中上扬子地区四川盆地长宁地区 N203 井志留系龙马溪组，岩心基础物性如表 4-3 所示。中上扬子地区志留系以泥页岩沉积为主，其中龙马溪组下部发育富含有机质的泥页岩。页岩孔隙结构复杂，孔径分布范围广泛，既含有微米级的大孔及裂缝，也有纳米级尺度的微小孔隙。

表 4-3 岩心基础物性数据

岩心编号	深度/m	长度/cm	直径/cm	干重/g	视密度/(g/cm³)	孔隙度/%
N-1	2317.69	5.727	2.542	50.502	2.67	2.3
N-2	2358.65	5.683	2.543	62.367	2.62	2.39
N-3	2339.31	6.036	2.542	53.762	2.63	2.17

采用 BJH 方法进行数据处理可得到样品的孔径分布。

样品等温升压吸附曲线接近 BDDT（Brunauer-Deming-Deming-Teller）分类中的 II 型吸附等温线形态（图 4-19），吸附曲线前段缓慢上升，吸附由单分子层向

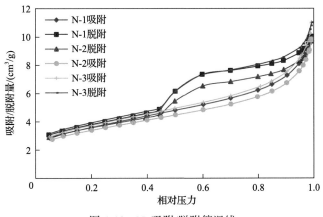

图 4-19 N_2 吸附/脱附等温线

多层过渡，后段急剧上升且未出现饱和，说明样品中含有一定量的介孔和宏孔。

3 块样品的微孔总孔体积分别为 3.42mm³/g、1.28mm³/g 及 1.78mm³/g，孔径在 0.5～0.8nm 的孔隙相对较多。

毛细管压力曲线如图 4-20 所示，排驱压力较高、平均为 0.58MPa，分选系数平均为 2.53，反映出储层渗透率较低，分选性较差；平均进汞饱和度仅为 38.7%，进汞饱和度较低，退汞效率非常低，平均仅为 26.7%，进汞、退汞体积差异较大，反映了样品极低的孔隙度和复杂的孔隙结构，还反映出该区页岩样品细颈墨水瓶形孔隙大量存在，微孔与中孔、大孔相互连通，但孔喉细小，连通性较差。

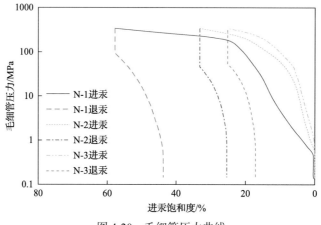

图 4-20　毛细管压力曲线

将 3 块样品的测试结果根据上述方法进行全尺度孔径分布数据分析，图 4-21 展示了 3 块样品不同尺度孔径所对应的平均孔容，3 块样品中微孔、介孔均大量发育，同时存在细颈墨水瓶形孔喉配合结构，使宏孔之间的连通性变差，这恰恰揭示了高压压汞测试进汞饱和度低的主要原因，同时也佐证了在 N₂ 吸附和

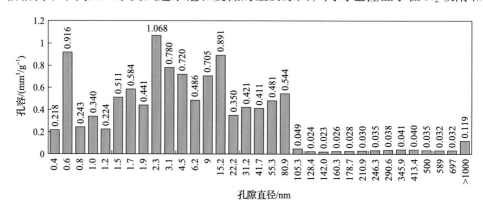

图 4-21　N203 井 3 块样品平均孔容分布

高压压汞在孔径分布重复段的测试结果有明显差异性时，选择 N_2 吸附测试结果作为重复段孔径分布数据。

二、原子力显微镜三维样貌与聚焦离子束扫描电镜测试

实验仪器采用牛津仪器公司制造的 JupiterXR 型原子力显微镜(图 4-22)，该原子力显微镜可进行高精度的粗糙度、台阶高度及微纳米级别三维轮廓等测量，同时可以测量相位、电场、磁场、导电力等其他物理量。原子力显微镜的工作原理是激光反射悬臂梁原理或者称为光杠杆原理，激光经过悬臂梁的背面反射到探测器上，悬臂梁前端的针尖在样品上扫描，随着样品的高低起伏变化带来探测器上信号的变化，经过模数转换器转换为电信号实现数据输出得到最终形貌信息或者其他物理量信息。实验过程中，先用光学显微镜确定氩离子抛光区域，再用原子力显微镜进行检测，扫描多个区域，获得更全面的数据。

图 4-22　JupiterXR 型原子力显微镜

通过观察 JupiterXR 型原子力显微镜获得的页岩样品典型三维形貌图(图 4-23)，可见样品储集空间丰富，存在大量微米级、纳米级孔隙，颗粒分布密集，空间较深，为气体提供了广阔的赋存空间。微、纳米级孔隙的大量富集，一方面有利于游离气的存储，另一方面，由于该页岩样品表面的复杂性，样品比表面积巨大，为气体的吸附提供了大量空间。JupiterXR 型原子力显微镜分辨率较高，大孔和微孔均可以清晰观测到(图 4-24)，可见页岩样品中存在丰富的纳米级孔隙，以及若干微米级孔隙。微米级孔隙、纳米级孔隙之间通过较细小的喉道联络成孔隙网络，显示出页岩储层中微、纳米级孔隙良好的连通性，为气体向大

孔隙及裂缝中渗流提供通道。而聚焦离子束扫描电镜(图 4-25)由于样品需要氩离子抛光、表面镀金膜等前处理工艺,纳米级喉道无法在聚焦离子束扫描电镜图像中观测到(图 4-26)。因此,原子力显微镜更适合观测页岩样品孔隙结构,是页岩孔隙结构实验研究体系中的一项重要工具。

图 4-23　原子力显微镜下页岩典型三维形貌图

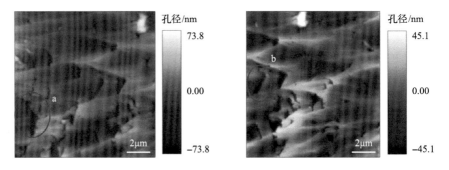

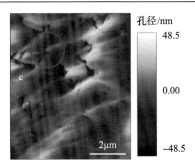

图 4-24　原子力显微镜下的孔隙类型

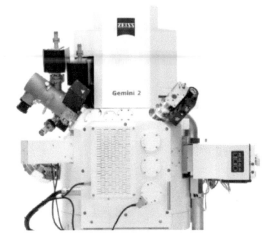

图 4-25　聚焦离子束扫描电镜

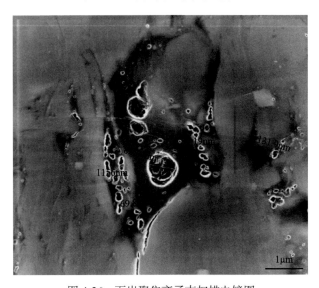

图 4-26　页岩聚焦离子束扫描电镜图

聚焦离子束扫描电镜难以观测到喉道，难以研究孔、喉配位情况。而原子力显微镜则可以观测到孔隙、喉道配位交织组成的孔喉网络，可以描述孔喉配位特征。孔喉配位数是指连接每一个孔隙的喉道数量，通常以统计结果的平均数来表示，这是反映孔隙连通性的重要参数。通过对原子力显微镜图像进行处理可计算孔喉配位数，页岩样品的孔喉配位数以 3、4、5 为主，占比分别为23.4%、29.9%、22.1%（图 4-27），说明页岩样品孔喉连通性较好。

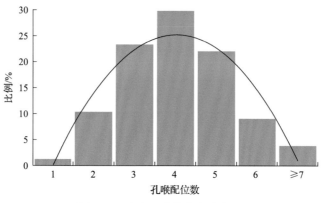

图 4-27　孔喉配位数分布直方图

图 4-28～图 4-30 为对样品 N-1、N-2、N-3 进行氩离子抛光处理后利用聚焦离子束扫描电镜观察结果。由图 4-28 发现该页岩发育大量的黄铁矿和有机质，以及粒间孔、矿物晶间孔、溶蚀孔等。对有机质孔进行进一步观察发现，有机

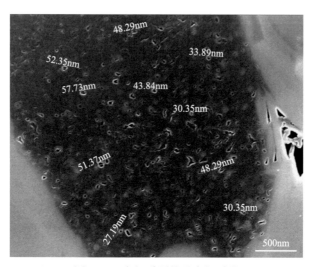

图 4-28　有机质颗粒及有机质孔

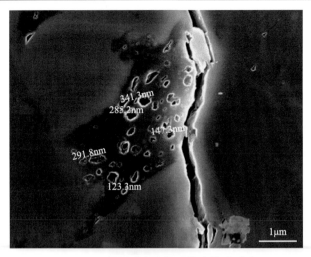

图 4-29　有机质孔骨架矿物边缘微裂隙

图 4-30　黄铁矿粒间有机质填充

质颗粒中含有大量孔隙，孔隙形状主要呈椭球形或近球形，还有弯月状或平板状等（图 4-28，图 4-29），孔径从几纳米到几百纳米，孔与孔之间有微小喉道连接，同时还存在一些有机质颗粒与微米级的矿物边缘裂缝相邻，如此大量的有机质孔提供了巨大的比表面积，而且孔隙的吸附能力与孔径成反比，孔径越小，吸附能力越强。页岩中还会存在大量黄铁矿集合体，其中一些黄铁矿颗粒之间会被发育着大量微孔、介孔的有机质填充（图 4-30 中黑色部分为有机质，白色部分为黄铁矿颗粒）。

三、计算机断层扫描及三维重构

计算机断层扫描是利用锥束 X 射线穿透物体，由岩心旋转 360°所得到的大量 X 射线衰减图像重构出三维立体模型。本节采用的是美国通用电气公司生产的 Phoenix Nanotom ® M 纳米 CT 仪（图 4-31），分辨率为 300nm。纳米 CT 岩心分析的优势之一是在不破坏样本的条件下，能够通过大量的图像数据对很小的特征面进行全面展示；优势之二是 CT 图像反映的是 X 射线在穿透物体过程中能量衰减的信息，岩心内部的孔隙结构、相对密度与三维 CT 图像的灰度呈正相关。在实验过程中，首先用直径 1mm 钻头钻取岩心样本。其次将样品放置在 CT 仪的载物台上调节扫描参数进行 CT 扫描。扫描结束后，重建数字三维模型前先降低伪影、射束硬化所造成的影响。最后，使用专业的数据处理软件 Volume Graphics Studio MAX 和 FEI Avizo 根据重建好的三维模型对数据进行分析处理，内容包括岩心孔隙/裂纹提取分析、岩心孔喉连通性分析、三维视图内部展示（内部孔隙、裂缝、有机质等分布）、孔径分布直方图、岩心断层切片立体动画等。

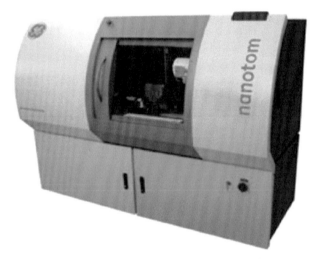

图 4-31　Phoenix Nanotom ® M 纳米 CT 仪

样品经过上述 FIB-SEM 切割和成像后，得到 260 张清晰的连续图像，将其导入 Avizo 软件中，即可实现页岩微观孔隙结构的三维重构，如图 4-32 所示，深蓝色代表有机质孔隙，绿色代表其他孔隙，红色代表黄铁矿，浅蓝色代表无机矿物。

四、分形特征

孔的非均质性表征页岩中孔的大小、数量、分布、类型等特性的复杂程度，其决定着页岩储层的存储能力。分形维数越大，越有利于气体的吸附，越不利

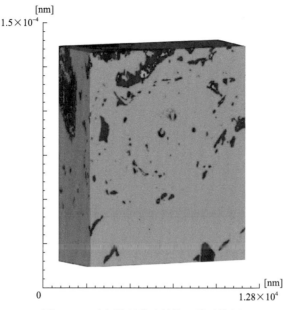

图 4-32　页岩微观孔隙结构三维重构图

于气体的渗流。分形维数 D 是表征固体表面粗糙度或复杂性的定量指标，其数值在 2~3 变化，越接近 3 表示页岩越粗糙或者越复杂。因此，分形维数不仅可以用来描述页岩几何形状与结构性能，也可以对页岩储层的非均质性进行评价。

(一)分形维数计算方法

根据 N_2 吸附的实验数据，分形维数可由 Frenkel-Halsey-Hill(FHH)模型确定，其计算公式为

$$\ln V_{总} = K \cdot \ln \left[\ln \left(P_0 / P \right) \right] + C_{常} \tag{4-30}$$

式中，P 为平衡压力，MPa；P_0 为饱和蒸气压，MPa；$V_{总}$ 为各平衡压力 P 下氮气吸附的体积，cm^3/g；$C_{常}$ 为常量；P_0/P 为相对压力的倒数；K 为斜率。

经过前人的总结，当样品表面发生单分子层或多分子层吸附时，主要作用力为范德瓦耳斯力，对应着样品等温吸附曲线中 $0 < P/P_0 < 0.45$ 的部分，此时 K 与分形维数 D_f 的关系为

$$D_f = 3K + 3 \tag{4-31}$$

当样品表面吸附发生毛细凝聚时，主要作用力为表面张力，对应着样品等温吸附曲线中 $0.45 < P/P_0 < 0.9$ 的部分，此时 K 与分形维数 D_f 的关系为

$$D_f = K + 3 \tag{4-32}$$

样品在相对压力为 0.45 左右时会出现迟滞回线，孔隙开始发生毛细凝聚作用，因此选取吸附曲线与脱附曲线分离后的吸附数据；同时相对压力接近 1 时，受仪器精度的影响吸附数据不准确，因此在计算分形维数时去除这部分数据，去除后图形相关系数 R^2 得到明显提升，各样品均值达到 0.9812。最后联立式(4-32)，得到分形维数的计算公式：

$$\ln V = (D_f - 3) \cdot \ln \left[\ln (P_0/P) \right] + C \tag{4-33}$$

（二）分形维数特征

样品取自长宁—威远页岩气示范区，该示范区位于四川省南部，川、滇、黔三省交界处(图 4-33)，示范区面积为 6534km²，探明页岩气地质储量 3000 亿 m³ 以上。在长宁、威远、大足等建产区及接替区的五峰组、龙马溪组(龙一$^1_1$—龙一$^4_1$及龙一$_2$亚段)共取心 126 块。

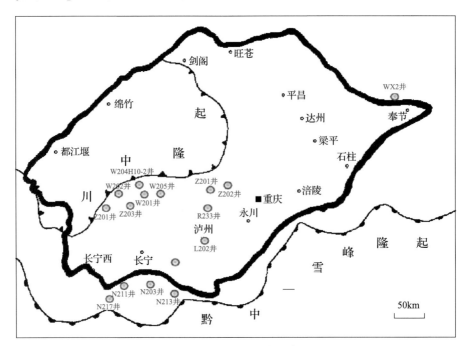

图 4-33　样品来源井位示意图
石柱全称为石柱土家族自治县

取 67 块来自不同井、不同层位的页岩样品并按照层位分类。测量其比表面积与平均孔隙半径，发现样品比表面积与其分形维数整体呈正相关关系，其中五峰组正相关关系最明显，相关系数 $R^2=0.6879$（图 4-34）；样品平均孔隙半径与其分形维数整体呈负相关关系，其中龙一$_2$的负相关关系最明显，相关系数 $R^2=0.8663$（图 4-35）。按照分形维数 $D>2.95$、D 在 $2.90\sim2.95$、$D<2.90$ 将样品分为Ⅰ型、Ⅱ型、Ⅲ型，得到各类型样品在各层位中所占比例，并计算各层位样品分形维数的平均值（表 4-4）。说明样品的比表面积随着孔隙的增多、孔隙平均孔隙半径的减小而增大，反映了页岩样品中微孔与介孔的增多，使孔隙结构更为复杂，且页岩的分形维数越大，越有利于样品中气体的吸附。其中五峰组、龙一$_1^1$和龙一$_1^2$样品中的分形维数值较大，气体储存能力较好，仅龙一$_2$中含有Ⅲ型样品，说明其气体储存能力最差。

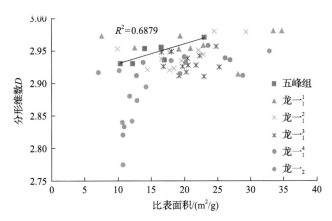

图 4-34　页岩样品比表面积与分形维数的相关性分析

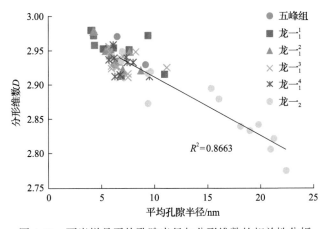

图 4-35　页岩样品平均孔隙半径与分形维数的相关性分析

表 4-4　不同层位页岩样品的分形维数

样品类型	分形维数	五峰组	龙一$_1^1$	龙一$_1^2$	龙一$_1^3$	龙一$_1^4$	龙一$_2$
I	>2.95	42.86%	69.23%	33.33%	7.69%	11.11%	0%
II	2.90~2.95	57.14%	30.77%	64.67%	92.31%	88.89%	69.23%
III	<2.90	0%	0%	2%	0%	0%	30.77%
样品个数		7	13	12	13	9	13
分形维数平均值		2.9457	2.9528	2.9422	2.9309	2.9311	2.8686

　　从样品中取 16 块来自不同井、不同层位的页岩样品，测量样品 TOC 含量，并且与分形维数进行相关性分析。结果表明，TOC 含量与分形维数的关系为正相关，相关系数 R^2=0.6497（图 4-36），五峰组、龙一$_1^1$、龙一$_1^2$、龙一$_1^3$ TOC 含量较高、分形维数较大。说明 TOC 含量越高，介孔增加得越明显，孔隙结构越复杂，分形维数越大。

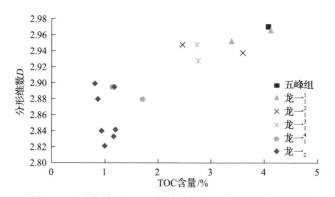

图 4-36　页岩样品 TOC 含量与分形维数的相关性分析

　　在前人的研究中，分形维数与孔容的关系问题存在较大争议。本节利用 N_2 吸附实验测量全部 126 块页岩样品孔径为 1.2~100nm 的总孔容，再从样品中取 66 块来自不同井、不同层位的页岩样品，分别利用 N_2 吸附实验与 CO_2 吸附实验同时测量它们的介孔（孔径 2~50nm）孔容与微孔（孔径<2nm）孔容。发现氮气孔容、介孔孔容与分形维数没有明显的相关性，相关系数 R^2 分别为 0.0229［图 4-37（a）］、0.0914［图 4-37（b）］。微孔孔容与分形维数有一定的正相关关系，相关系数 R^2=0.3424［图 4-37（c）］。说明龙马溪组页岩孔隙的复杂度主要由微孔贡献。

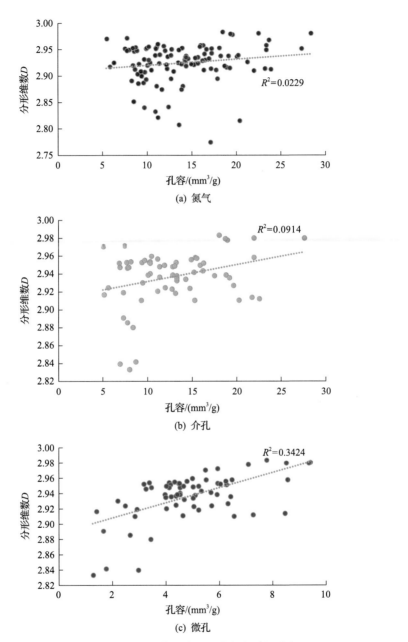

图 4-37　页岩样品孔容与分形维数的相关性分析

(三) 页岩与其他岩性分形维数对比

从样品中取 WX2 井的 5 块页岩,与 6 块来自大庆油田的泥岩样品、来自玛湖油田的 6 块砂岩样品进行对比，发现页岩的分形维数要高于泥岩与砂岩，说明页岩的孔隙结构最为复杂。页岩与泥岩的比表面积均与分形维数呈正相关(图 4-38)，平均孔隙半径均与分形维数呈负相关(图 4-39)；砂岩的分形维数与比表面积和平均孔隙半径均无相关性。说明对于分形维数，研究孔隙结构较复杂的样品比结构相对简单的样品更有意义。

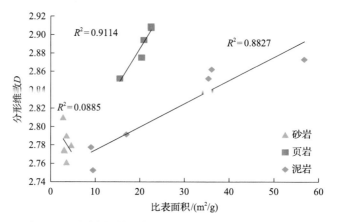

图 4-38　不同岩性样品分形维数与比表面积的相关性分析

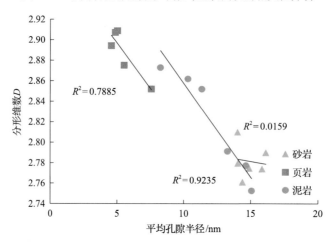

图 4-39　不同岩性样品分形维数与平均孔隙半径的相关性分析

(四)粗糙起伏度与分形维数

首先将岩石样品原子力显微镜图像转为灰度图像，并用 MATLAB 软件读取图像数据信息，根据像素点对应的深度数据计算原子力显微镜探针扫过样品任何一行位置的轨迹曲线。样品表面粗糙起伏度 F_s、空间粗糙起伏度 F_i 可

以表示为

$$F_s = \frac{\sum\limits_{i=1}^{R}\sum\limits_{j=1}^{R-1}\sqrt{\left(\dfrac{L_{th}}{R_h-1}\right)^2 + \left\{\dfrac{D_{th}}{255}\Big[x(i,j+1)-x(i,j)\Big]\right\}^2}}{L_{th}R_h} \tag{4-34}$$

$$F_i = \frac{\sum\limits_{i=1}^{R-1}\sum\limits_{j=1}^{R-1}x(i,j)}{255(R_h-1)^2} \tag{4-35}$$

式中，F_s 为样品表面粗糙起伏度，即单位平面面积内探针扫描过的曲面面积；F_i 为空间粗糙起伏度，即单位体积内探针扫描过的空间体积；$x(i,j)$ 为图像灰度矩阵第 i 行第 j 列像素点的灰度值；R_h 为灰度图像矩阵行数；L_{th}、W_{th}、D_{th} 分别为扫描范围样品长、宽、高，μm。

粗糙起伏度是衡量孔隙内表面相对于平均面的粗糙和波动程度，而分形理论被广泛用于描述和定量表征复杂物体形态与分布特征，也越来越多被用于表征岩石孔径分布、孔隙及颗粒形态等特征。分形维数是度量物体复杂性和不规则性的主要指标，通常用来计算分形维数的模型有分形模型(fractal hypothesis of heterogeneity, FHH)模型、门格尔(Menger)海绵模型、BET 模型和热力学方法等，虽然运用不同模型(方法)计算得到的分形维数没有直接的可对比性，但不同页岩采用同一模型(方法)计算得到的分形维数却能很好地反映页岩孔隙结构的差异，便于直接对比页岩储层孔隙的复杂程度以及研究不同孔隙的成因等。

本节采用基于 N_2 吸附实验数据的 FHH 模型计算渝西页岩样品的分形维数，发现分形维数与空间起伏粗糙度呈正相关关系(图 4-40)，该结果表明，岩

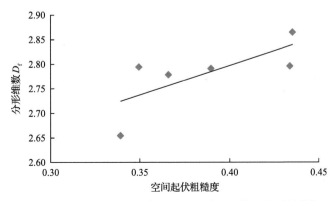

图 4-40　页岩样品空间起伏粗糙度与分形维数的相关性分析

石内孔隙表面由于扭曲、褶皱，空间起伏粗糙度增大，体积复杂程度增加，分形维数也增大。

第四节　页岩孔隙中天然气赋存规律

一、纳米级孔隙中甲烷密度

根据简化局部密度函数法（SLD-PR）可以模拟不同物质（如蒙脱石、伊利石、高岭石、干酪根等）孔喉中，以及孔径为 2nm 孔喉中 30MPa 下甲烷的密度分布，如图 4-41 所示。从吸附能力上看干酪根＞蒙脱石＞伊蒙混层＞伊利石＞绿泥石。越靠近孔喉壁面，甲烷密度越高，越靠近孔喉中心，甲烷密度越接近体相密度；孔喉直径越大，吸附态甲烷所占比例越低。

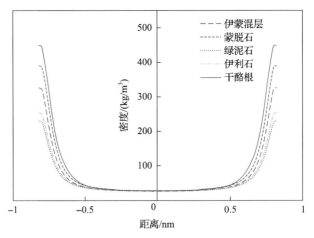

图 4-41　孔径 2nm 孔喉中甲烷密度分布

不同物质在 SLD-PR 模拟中所取的势能参数不同，基于样品 N 全岩分析得到的矿物含量，可以加权计算样品 N 的平均势能参数，并将其代入 SLD-PR 模拟程序中，即可模拟出样品 N 不同孔径的甲烷密度分布，进一步计算可得到不同孔径中的吸附气量和游离气量。

结合样品 N 的全岩分析结果，采用 SLD-PR 模拟计算了样品 N 不同尺度孔喉中的吸附气量和游离气量，如图 4-42 所示。孔径＞15nm，游离气含量超过 88%；孔径＜2nm，70% 以上均为吸附气。即直径 15nm 以上的孔喉中主要为游离气，直径 2nm 以下的孔喉中吸附气占主导，直径 2～15nm 的孔喉是吸附气和游离气共同存在的主要空间。

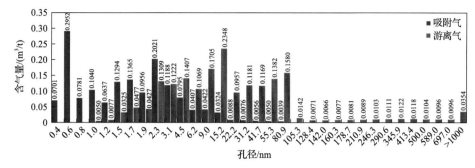

图 4-42　样品 N 不同孔径中吸附气量和游离气量

二、页岩孔隙特征各类研究方法的特点

页岩气的形成原因有热成因和生物成因，页岩气以游离气的形式储存在孔隙和裂缝中，以吸附气的形式储存在有机物或黏土矿物中，以溶解气的形式储存在干酪根和沥青中。页岩非均质性和各向异性较强，气体赋存形式的多样性又决定了页岩气包括脱附、扩散及渗流等复杂的流动机理，所以孔隙度、比表面积、孔径分布特征等成为表征页岩孔隙结构的重要参数。同时，由于页岩微观孔隙系统的复杂程度很高，欧氏几何已不能给予准确的描述和表征，需要将分形几何学融入原有的体系，采用分形方法研究页岩孔隙特征。

常规的多孔固体孔隙表征方法主要有流体侵入法（fluid intrusive method）、图像分析法（image analysis）及无干扰法（nonintrusive method）。流体侵入法主要通过向样品中注入流体来探量样品中连通的孔隙，主要包括 N_2 吸附法、二氧化碳吸附法与高压压汞法等。图像分析法利用先进的成像技术，通过图像建立对储层结构的直观认识，主要仪器包括透射电镜、场发射扫描电镜与原子力显微镜等。无干扰法可以对样品进行无损研究，主要包括核磁共振、小角散射与计算机断层扫描成像等。然而，页岩中的孔隙大小分布不均且分布跨度较大，以上研究方法均存在局限性。由于高分辨率背散射图像法受到放大倍数的限制，虽可观察图像的孔隙形态，却难以准确表征页岩复杂的孔隙特征。电镜法虽然分辨率较高，达到纳米级，但是无法实现全尺度定量描述。气体吸附法测试范围有限，如 N_2 吸附测试孔径范围是 $2\sim200nm$，二氧化碳吸附测试孔径范围是 $\leqslant2nm$。高压压汞测试过程中，由于页岩孔隙结构复杂、孔隙形状多样、微孔发育等，进汞饱和度通常较低，无法分析到绝大多数的孔隙，并且有学者指出高压可能会导致孔隙结构发生变形和破坏。因此，仅利用单一方法难以对页岩多尺度孔隙结构和孔径分布进行有效表征。

原子力显微镜可以通过检测待测样品表面和一个微型力敏感元件之间极

微弱的原子间相互作用力来研究物质的表面结构及性质。扫描样品时，利用传感器检测这些变化，可获得作用力分布信息，从而以纳米级分辨率获得表面形貌结构信息及表面粗糙度信息。原子力显微镜广泛应用于材料科学、生物学、物理学、数据存储、半导体、聚合物、化学、生物材料等领域内的纳米科学研究，但在页岩孔隙结构研究中应用较少。

　　流体侵入法中的 N_2 吸附法则是目前应用最广泛的致密储层微孔结构定量表征方法，可以有效表征 1.2～100nm 的孔隙。国内已有学者利用 N_2 吸附实验开展了大量的研究：Han 等[1]对比说明了样品粒度与含水性对 N_2 吸附的影响；Zapata 和 Sakhaee-Pour[2]、Yang 等[3]通过研究 N_2 吸附等温线获取了吸附剂和吸附质性质的影响信息；李凤丽、陈科洛、王琳琳、彭军等[4-7]通过对 N_2 吸附量进行分析，描述了样品表面积、孔隙体积、孔隙类型等之间的关系。于魏铭等[8]发现分形维数越大油藏形成的效果就越差。李志清等[9]发现分形维数在海相与陆相页岩中的大小差异可能与孔径分布有关。在对龙马溪组页岩的研究中，大量学者普遍认为分形维数的大小与 TOC 含量、微孔发育程度、镜质组反射率（R_o）、黏土矿物含量及 BET 比表面积等呈正相关，与长石含量、样品的平均孔径、孔隙体积等呈负相关。一些学者也有不同的研究结论：解德录等[10]认为分形维数值与比表面积无直接关系；陈居凯等[11]认为宏孔结构比微孔和介孔更为复杂；扈金刚、杨峰等[12,13]认为分形维数仅与微孔孔容呈较弱的正相关性；熊健等[14]认为分形维数与总孔容呈正相关。石英对分形维数的影响存在着较大的争议：熊健、杨峰、梁利喜、扈金刚、张琴等[12-16]通过研究川南地区龙马溪组页岩，认为分形维数与石英含量呈正相关，与黏土矿物含量呈负相关；Hu 等[17]通过研究延昌组页岩，张宝鑫等[18]通过研究山西省域煤系泥页岩，认为分形维数与石英含量呈负相关；高原等[19]通过研究龙潭组页岩，认为分形维数与石英及其他矿物成分无明显的相关性。

　　目前关于孔隙结构和分形维数的研究大多没有明确岩心的亚段及小层位置，也没有明确岩心样品是否取自主力层，且样品数量较少，代表性较弱，导致同一地区的页岩研究结果会出现巨大差异，如众多学者对龙马溪组页岩分形维数与孔容之间的关系问题仍存在争议。本章通过大量数据总结，以 N_2 吸附实验为主，研究了龙马溪组龙一$_1$亚段 4 个小层、龙一$_2$亚段及五峰组页岩的分形特征，使用原子力显微镜和计算机断层扫描技术研究页岩样品的孔隙分布特征与连通性，使用原子力显微镜和计算机断层扫描技术分别研究孔径＜800nm 和孔径≥800nm 的孔隙、喉道分布及连通情况，综合研究孔喉配置与三维空间起伏粗糙程度和分形维数的关系，以期为页岩气藏储层甜点区选择、资源评价与开发提供必要的实验基础。

参 考 文 献

[1] Han H, Cao Y, Chen S J, et al. Influence of particle size on gas-adsorption experiments of shales: An example from a Longmaxi Shale sample from the Sichuan Basin, China[J]. Fuel, 2016, 186: 750-757.

[2] Zapata Y, Sakhaee-Pour A. Modeling adsorption-desorption hysteresis in shales: Acyclic pore model[J]. Fuel, 2016, 181: 557-565.

[3] Yang C, Zhang J C, Han S B, et al. Compositional controls on pore-size distribution by nitrogen adsorption technique in the Lower Permian Shanxi Shales, Ordos Basin[J]. Journal of Natural Gas Science and Engineering, 2016, 34: 1369-1381.

[4] 李凤丽, 姜波, 宋昱,等. 低中煤阶构造煤的纳米级孔隙分形特征及瓦斯地质意义[J]. 天然气地球科学, 2017, 28(1): 173-182.

[5] 陈科洛, 张廷山, 陈晓慧, 等.页岩微观孔隙模型构建——以滇黔北地区志留系龙马溪组页岩为例[J]. 石油勘探与开发, 2018, 45(3): 396-405.

[6] 王琳琳, 龙正江. 构造煤纳米孔隙结构演化及分形特征[J]. 煤炭技术, 2018, 37(6): 130-133.

[7] 彭军, 韩浩东, 夏青松, 等. 深埋藏致密砂岩储层微观孔隙结构的分形表征及成因机理[J]. 石油学报, 2018, 39(7): 775-791.

[8] 于魏铭. 分形几何在储层微观非均质性研究中的运用[J]. 云南化工, 2017, 44(12): 41-44.

[9] 李志清, 王伟, 王晓明, 等. 页岩微纳米孔隙结构分形特征研究[J]. 工程地质学报, 2018, 26(2): 494-503.

[10] 解德录, 郭英海, 赵迪斐. 基于低温氮实验的页岩吸附孔分形特征[J]. 煤炭学报, 2014, 39(12): 2466-2472.

[11] 陈居凯, 朱炎铭, 崔兆帮, 等. 川南龙马溪组页岩孔隙结构综合表征及其分形特征[J]. 岩性油气藏, 2018, 30(1): 55-62.

[12] 扈金刚, 黄勇, 熊涛, 等. 湘鄂西地区龙马溪组黑色页岩孔隙结构及分形特征[J]. 中国煤炭地质, 2018, 30(12): 5-14.

[13] 杨峰, 宁正福, 王庆, 等. 页岩纳米孔隙分形特征[J]. 天然气地球科学, 2014, 25(4): 618-623.

[14] 熊健, 刘向君, 梁利喜. 四川盆地长宁构造地区龙马溪组页岩孔隙结构及其分形特征[J]. 地质科技情报, 2015, 34(4): 70-77.

[15] 熊健, 刘向君. 川南地区龙马溪组页岩孔隙结构的分形特征[J]. 成都理工大学学报(自然科学版), 2015, 42(6): 700-708.

[16] 张琴, 梁峰, 梁萍萍, 等. 页岩分形特征及主控因素研究: 以威远页岩气田龙马溪组页岩为例[J]. 中国矿业大学学报, 2020, 49(1): 118-130.

[17] Hu J Q, Tang S H, Zhang S H. Investigation of pore structure and fractal characteristics of the Lower Silurian Longmaxi shales in western Hunan and Hubei Provinces in China[J]. Journal of Natural Gas Science and Engineering, 2016, 28:522-535.

[18] 张宝鑫, 傅雪海, 张苗, 等. 山西省域煤系泥页岩孔隙分形特征[J]. 地质科技情报, 2019, 38(4): 82-92.

[19] 高原, 毛璐, 马荣. 海陆过渡相页岩孔隙结构特征及分形维数研究[J]. 科学技术与工程, 2017, 17(33): 77-85.

第五章　小角中子散射测试法

第一节　实验仪器

　　小角中子散射仪器是一种基于反应堆的单色中子束，或者是一种基于脉冲中子源的中子飞行时间谱仪，主要是利用中子束击打在样品上产生不同程度以及不同角度的小角度散射，并通过探测器对中子散射束进行检测及反馈来获得样品结构信息参数的一种大型仪器。散射的行为可分为弹性散射及非弹性散射，利用样品内部电子密度或原子核密度分布起伏所导致的散射现象进行小角散射实验，是研究岩石纳米尺度孔径分布的实验手段之一。

　　连续反应堆是在产生连续中子的模式条件下运行，而散裂源是在脉冲或飞行时间的模式下运行，二者的运行模式存在差异，即基于反应堆的中子散射仪器一直使用一些中子，而基于散裂源的仪器在某些时候使用所有的中子，从最终运行结果以及效果上来看，二者都是用增加的散射矢量 q 来测量散射中子的强度。

　　本章采用的小角中子散射实验仪器——来自中国广东东莞的散裂中子源，是我国第一台通用的飞行时间谱仪，主要是通过利用离子源产生负氢离子，利用一系列直线加速器将负氢离子加速至 80MeV，然后将所产生的高速离子经过处理使其成为质子并注入快速同步加速器中，将质子束流加速至 1.6GeV 的能量，引出后经束流传输线打向钨靶，在靶子上产生散裂反应并产生中子，并将其通过慢化器、中子导管等引向中子谱仪，供用户开展实验研究。谱仪的基本参数和性能设计值如表 5-1 所示，基本原理图如图 5-1 所示。目前主要的小角中子散射数据解释方法有标准图法、经验模型法和非线性最小二乘法。

表 5-1　中国散裂中子源小角中子散射谱仪的关键参数

参数	范围
入射中子波长/Å	0.5～12
谱仪总长度/m	16
样品到探测器(S-D)距离/m	2～4(可变)
q 值/Å^{-1}	0.005～0.70(S-D 距离为 4m 时)
q 分辨率	在 q_{min} 时为 35%左右

续表

参数	范围
中子通量密度(样品位置)/[n/(cm² · s)]	5×10^6（100kW 下测试数据）
探测器空间分辨率/(cm×cm)	1×0.8
探测器有效探测面积/(cm×cm)	100×100

注：1Å=0.1nm。

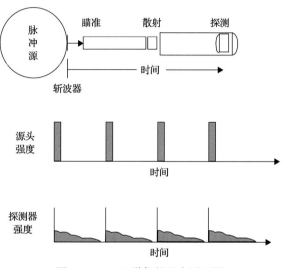

图 5-1　SANS 谱仪的基本原理图

　　小角中子散射数据建模的要素包括旋转半径、单颗粒形状因子和粒子间结构因子的计算，但大多数小角中子散射光谱看起来很相似，所以比起实验谱仪，小角中子散射法更是一种严重依赖模型的方法。

　　散裂中子源是使用由离子源产生并由直线加速器加速的高能质子束或电子束轰击重金属固体靶获得中子。当光束击中铀或钨等重金属固体靶时，中子就会从目标原子核上脱落，这一过程被称为散裂反应。这种反应中大约每个质子会产生约 30 个中子，每产生一个中子释放的热量仅为反应堆的四分之一左右。通过这种方式获得中子源的装置称作散裂中子源。

第二节　实　验　原　理

一、中子

　　中子是一种不带电荷的基本粒子，是组成原子核的基本粒子之一，它是通过短程核反应发生相互作用而产生的，其质量(m) 为 1.675×10^{-24}g，自旋量子数为 1/2。其动能 E_n 及动量 p 分别如式(5-1)和式(5-2)所示：

$$E_n = \frac{1}{2}mv^2 \tag{5-1}$$

$$p = mv \tag{5-2}$$

式中，v 为中子的速度。中子同样具有波粒二象性，具有波的特征，其波长 λ 由德布罗意关系可得

$$\lambda = \frac{h}{p} = \frac{h}{mv} \tag{5-3}$$

分别定义中子的波矢 $\boldsymbol{k}$ 及约化普朗克常数 h 为

$$\boldsymbol{k} = \frac{2\pi}{\lambda} \tag{5-4}$$

$$h = \frac{h}{2\pi} \tag{5-5}$$

式中，波矢的方向为速度 v 的方向。

因此，由式(5-4)和式(5-5)可知中子的动能 E_n 及动量 p 分别为

$$E_n = \frac{h^2 \boldsymbol{k}^2}{2m} \tag{5-6}$$

$$p = h\boldsymbol{k} \tag{5-7}$$

一般来说，大多数中子散射实验的中子源都是核反应堆，但在近年来散射源逐渐引起人们的重视。无论是通过反应堆的核裂变反应产生的中子，还是通过高能质子轰击重金属所产生的中子都具有很高的速度，如果要将其应用于中子散射则需要对其进行减速，因此，常用的方法是使中子与慢化剂反复碰撞。在经过足够多次数的碰撞之后，这些中子在慢化剂的环境中在一定温度下将达到近似气体的平衡状态，在慢化剂中这些中子的速度分布 $f(v)$ 接近平衡气体中麦克斯韦-玻尔兹曼(Maxwell-Boltzmann)分布，可以表示为

$$f(v) = 4\pi \left(\frac{m}{2\pi k T_k} \right)^{3/2} v^2 \exp\left(\frac{1}{2} \frac{mv^2}{k_B T_k} \right) \tag{5-8}$$

式中，m 为中子质量；k_B 为玻尔兹曼常数（1.381×10^{-23}J/K）；T_k 为环境温度函数。$f(v)$ 取最大值时所对应的速度值为

$$v = \left(\frac{2k_B T_k}{m} \right)^{1/2} \tag{5-9}$$

二、小角中子散射技术的原理

波长为 0.2～2nm 的长波长中子束穿过样品后，在小角度范围内（散射角 $2\theta \leqslant 5°$）产生了中子散射。实验测得的主要是散射强度 $I(q)$ 随散射矢量 q 的变化，散射矢量的定义如图 5-2 所示，其中 K_1 与 K_2 分别为入射和散射波矢，λ 为中子束波长，2θ 为散射角，由式（5-10）表示：

$$q = 4\pi\lambda^{-1}\sin\theta \tag{5-10}$$

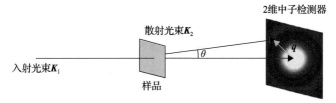

图 5-2 小角中子散射实验原理示意图

所以小角散射确切是指小 q 值的散射，同时，衍射现象满足布拉格条件，可由式（5-11）表示：

$$n\lambda = 2d_j\sin\theta \tag{5-11}$$

式中，d_j 为晶面间距；n 为衍射级数，取 $n=1$，可得到适用于结晶物质的散射矢量公式 $q=2\pi/d_j$。对于平均半径为 R_s 的无序多孔页岩，又有 $R_s=2.5/q$，可见 q 与样品孔径有关。

三、通量、散射截面、强度

（一）通量

在研究辐射现象时，通量被用于描述一束辐射的强度。辐射在被定义为波时，通量表示传输能量的效率。辐射在被定义为粒子流时，通量表示传输粒子的效率。在小角散射的研究中，入射通量 J_{in} 是指入射光单位面积单位时间内传输的粒子数，单位为 $cm^{-2} \cdot s^{-1}$。散射通量 J_{sc} 是指单位立体角单位时间内所传

输的粒子数，单位为 $sr^{-1}\cdot s^{-1}$。入射通量与散射通量可以表示为

$$J_{in} = \frac{dN_{in}}{dAdt}　　　　　　　　　　　　　(5\text{-}12)$$

$$J_{sc} = R^2\frac{dN_{sc}}{dSdt} = \frac{dN_{sc}}{d\Omega dt}　　　　　　　(5\text{-}13)$$

式中，N 为粒子数，下标 in 和 sc 分别为入射粒子束以及散射粒子束的标记；A 为样品被辐射的面积，cm^2；t 为样品的曝光时间，s；Ω 为以入射光为中心散射光束的立体角，sr；R 为探测器区域到样品的距离，m；S 为散射球面上的检测区域，cm^2。

(二) 散射截面

在稳定环境中，物质对于中子的散射能力是一定的。也就是说入射粒子被散射的概率是一定的。随着入射通量 J_{in} 的增加或减少，散射通量 J_{sc} 也将成比例变化，J_{in} 与 J_{sc} 的比称为微分散射截面：

$$\frac{d\sigma}{d\Omega} = \frac{J_{sc}}{J_{in}}　　　　　　　　　　　　(5\text{-}14)$$

式中，σ 为束流对撞时的散射截面，在核物理中对于打靶还有另外一种定义散射截面的方式，与式(5-14)有所区别。散射截面 σ 对应的是入射粒子总的散射概率，微分散射截面 $d\sigma/d\Omega$(单位为 cm^2/sr)对应的是入射粒子被散射到某个单位立体角内的概率，两者关系如式(5-15)所示：

$$\begin{aligned}\sigma &= \int_0^{2\pi}\int_0^{\pi}\left(\frac{d\sigma}{d\Omega}\right)\sin\theta d\theta d\varphi \\ &= \frac{单位时间内被散射到全空间的粒子数}{单位时间内单位面积的入射粒子数}\end{aligned}　(5\text{-}15)$$

式中，φ 为极坐标下的角度。

(三) 强度

如图 5-3 所示，入射光束在入射透过样品前被聚焦准直，并通过上电离室，可以检测入射光的相对强度。然后入射光透射样品，穿透样品的光通过下游真空室，对散射光探测器造成一定的影响。因此，为了保护散射光探测器，束流阻挡器会将透射光阻挡在散射光探测器前，并被安装在束流阻挡器之上的光电

二极管检测透射光的强度。在一定的条件约束下，入射通量 J_{in} 一般可以通过其他方法进行测量，在实际操作中入射通量一般等同于入射强度，用符号 $I_0(\boldsymbol{q})$ 表示，单位为 $cm^{-2} \cdot s^{-1}$。透射光强度符号用 $I_t(\boldsymbol{q})$ 表示，单位与入射光强度一致。

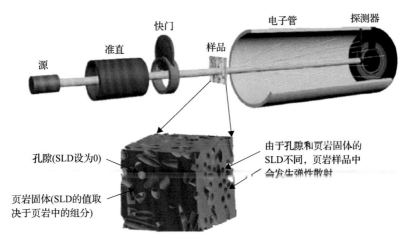

图 5-3　小角散射线站示意图

SLD-散射长度密度

　　入射光束在经过样品时以散射为主，最终在散射光探测器上形成以环状为主的散射图样，图样以圆环及椭圆环状为主，在探测器上测量的散射图样粒子数为测量散射强度 $C(\boldsymbol{q})$，无量纲。考虑被散射粒子 $N_{sc}(\boldsymbol{q})$ 在传播过程中受到其他因素的干扰，因此，在表示被散射粒子及测量散射强度的关系时，干扰因子主要有衰减因子 T、探测器效率 η 及在传播过程中散射粒子受到宇宙射线、探测器的暗电流及空气等发生散射粒子的偏移 $C_{bg}(\boldsymbol{q})$，所以，被散射粒子以及测量散射强度的关系为

$$C(\boldsymbol{q}) = \eta T N_{sc}(\boldsymbol{q}) + C_{bg}(\boldsymbol{q}) \tag{5-16}$$

　　在实际操作中，散射通量通常近似于散射强度，用符号 $I(\boldsymbol{q})$ 表示，其单位为 $sr^{-1} \cdot s^{-1}$，通过还原原始散射强度以获得散射通量 J_{sc}。

　　单位体积的微分散射截面被称为绝对散射强度，一般用符号 $I_{abs}(\boldsymbol{q})$ 来表示，即 $I_{abs}(\boldsymbol{q}) = d\Sigma / d\Omega$，单位为 cm^{-1}，和散射强度及透射强度与入射光强度成正比不同的是，绝对散射强度只与样品本身的散射能力有关。

　　目前，关于绝对散射强度主要在于应用同一探测器对入射强度 J_{in} 及散射强度 $C(\boldsymbol{q})$ 的测量。但现有的技术手段很难实现这一点，因此可以通过两种方法获得入射强度，从而对绝对散射强度进行校正。第一种方法是利用不同厚度的吸收箔使入射强度降低至散射光探测器的测量范围内，通过线性外推得到入射强度，最后得到绝对散射强度。但是该方法较为复杂且一般强度影响因子GF 的求取仍然较为困难。第二种方法为标样法，主要使用已知的绝对散射强度的标准样品(如玻璃、聚乙烯等材料)与待测样品处于同一光路条件下，其他各种条件设施均相同，再分别进行相对散射强度的测量，从而反推入射强度及线站的其他参数。第二种方法不需要知道探测器配置、光束的详细参数等内容，简单快捷。

第三节　样　品　制　备

应用小角中子散射测试的页岩样品一般没有限制，但在进行样品选取时，需要考虑样品种类、尺寸等相关参数以便获得精确的实验测量数据。

在进行测试前，样品不需要进行特别处理，只需要确定样品的厚度，样品太薄，则会导致散射信号太少，信号微弱，数据较少；而样品太厚则会导致入射粒子在通过样品时产生多次散射，散射信号受到严重干扰，从而使数据不准确。因此，在进行小角中子散射时，应当对样品厚度进行计算，从而获得实验所需样品的最佳厚度。

$$T = I_{\mathrm{t}} / I_0 = \exp(-\Sigma Tl) \tag{5-17}$$

式中，T 为透射率；l 为样品厚度；I_0 为入射中子束强度；I_{t} 为透射中子束强度；ΣT 为单位体积样品的纵截面。

对于不同形状样品制备过程也有相应的要求，如对于薄片状页岩样品，要求其厚度均匀合适一致，制成尺寸大小为 1cm×1cm 的薄片，表面尽可能光滑，且厚度一般小于 1mm。在测量实验中，一般将样品放置在石英玻璃容器中，或放置在胶带处直接粘贴至样品架测量处即可。而颗粒状样品需要样品池进行装载，粉末状样品需要均匀分布在样品池中，尽可能压实，同时，在进行测试实验时，需要对样品池的散射性能进行测量。在进行样品装载及测试实验前一般需要将装载样品的空样品池或者空胶带装至样品架，以获得相同条件下装载样品装置的散射强度，去除样品池及空气的散射噪声。

样品在进行处理时，其表面应用砂纸进行打磨处理或进行抛光处理使样品表面尽可能光滑平整，从而减少由样品表面起伏导致的多余的小角散射信号，避免影响实验结果的准确性。

在制样后，将样品放置于 60℃的烘箱，设置烘干时间为 24h 以上，直到样品的质量不再发生变化，从而达到去除样品中水等含氢元素物质对实验的影响的最终目标。

　　小角散射本质上是由散射长度密度 SLD 值变化造成的。均匀的多孔介质可以被视为孔隙随机分布的两相体系（孔隙和固体基质），两相体系之间的界限明显且拥有完全不同的散射长度密度，中子在穿过多孔介质时因这种密度差异而出现散射。而页岩油样品岩性复杂，由多种矿物成分及有机质构成，每种成分的 SLD 值取决于其化学式与密度，反映了其散射能力。故 SLD 值是运用模型处理 SANS 数据时的重要参数，需在制样前通过全岩分析 X 射线衍射仪（图 5-4）处理岩心得到。

图 5-4　全岩分析 X 射线衍射仪

对于一个样品，组成它的每一种矿物成分都可由式（5-18）计算得到

$$\rho_n = \frac{N_A d_d}{M} \sum_j P_j \left(\sum_i s_i b_i \right)_j \tag{5-18}$$

式中，N_A 为阿伏伽德罗常数，取 6.02×10^{23}；d_d 为矿物密度，g/cm³；M 为相对分子质量，g/mol；P_j 为组分中 j 相组分所占的比例；s_i 为 j 相组分中原子核 i 所占的比例；b_i 为原子核 i 的相干散射幅度；$\sum\limits_i s_i b_i$ 为分子散射幅度。

　　样品中的矿物类型可由全岩矿物 X 射线衍射分析得到，不同矿物类型可利用 SasView 软件中的 SLD Calculator 工具直接计算出其对应的 SLD，需要输入矿物的化学分子式以及矿物的密度（图 5-5）。

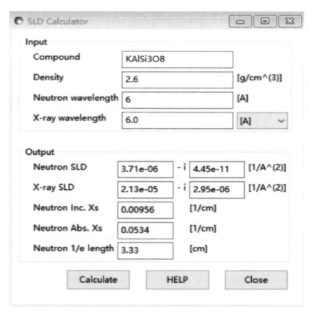

图 5-5　利用 SasView 计算 SLD 值（以正长石为例）

　　页岩中常见的不同矿物组分的 SLD 等参数见表 5-2，由于有机碳的热成熟度与化学成分会随着埋藏时间发生变化，其 SLD 是可变的；由于空气的物理密度近似于 0，代表孔隙的 SLD 通常按 0 计算。

表 5-2　常见矿物组分参数值

矿物类型	化学式	密度/(g/cm³)	分子量/(g/mol)	中子 SLD(i)/10^{10}cm⁻²
石英	SiO_2	2.65	60.085	4.18
正长石	$KAlSi_3O_8$	2.6	278.322	3.71
斜长石	$NaAlSi_3O_8$	2.61	262.224	3.97
白云石	$CaMg(CO_3)_2$	2.86	184.399	5.44
黄铁矿	FeS_2	5.01	119.977	3.62

矿物类型	化学式	密度/(g/cm³)	分子量/(g/mol)	中子 SLD(i)/10¹⁰cm⁻²
伊利石	$[KAl_2(SiAl)_4O_{10}](OH)_2·nH_2O$	2.70	755.926	3.80
蒙脱石	$(Na, Ca)_{0.33}(Al, Mg)_2$ $(Si_4O_{10})(OH)_2·nH_2O$	2.35	752.840	3.26
绿泥石	$Y_3(Z_4O_{10})(OH)_2·Y_3(OH)_6$	3.00	1113.132	3.75
黏土矿物	$Al_2O_3·2SiO_2·2H_2O$	2.60	263.161	3.18
有机质	$C_{90}H_{47}O_{15}N$	1.30	797.50	3-4

若确定了多孔介质中各组分的 SLD，整个样品的 SLD 可通过式(5-19)计算得到：

$$SLD = \frac{\sum_i^n \varphi(i)SLD(i)}{100} \tag{5-19}$$

式中，i 为矿物组分(包括有机碳和各种矿物)；n 为所有组分的总数；$SLD(i)$ 为第 i 个组分的 SLD；$\varphi(i)$ 为页岩样品中 i 组分的体积分数。

第四节　数据处理方法

一、散射长度密度计算

由于页岩中存在孔隙空间及各组分化学性质与密度不同，当中子入射光束射向页岩样品后发生弹性散射。页岩中各组分的 SLD 取决于其化学组分和密度，反映了该组分单位体积的散射功率。通过结合全岩分析 X 射线衍射仪可以对所测页岩样品各组分的化学成分及黏土信息进行分析整理，最终确定页岩样品的 SLD。具体的全岩分析 X 射线衍射分析结果如表 5-3、表 5-4 所示。

表 5-3　全岩分析样品各组分的质量分数　　　　　(单位：%)

来样编号	矿物种类及含量								
	石英	钾长石	斜长石	方解石	白云石	菱铁矿	黄铁矿	赤铁矿	黏土
Q1	25.7	1.2	17.1	8.8	11.5	—	3.3	—	32.4
Q2	19.8	1.0	6.2	—	29.4	2.7	4.9	3.2	32.8
L07	15.7	2.9	6.2	—	—	—	41.5	—	33.7

续表

来样编号	矿物种类及含量								
	石英	钾长石	斜长石	方解石	白云石	菱铁矿	黄铁矿	赤铁矿	黏土
L89	14.5	2.8	4.6	—	—	—	52.9	—	25.2
L79	33.1	4.5	22.6	—	—	—	14.6	—	25.2
C67	16.2	2.2	3.7	—	—	—	56.3	—	21.6

表 5-4　样品 SLD 计算结果　　　　　　　（单位：$10^{10}cm^{-2}$）

来样编号						
Q1	Q2	07	89	79	67	92
3.87	4.04	3.59	3.65	3.67	3.69	4.34

通过对样品各组分 SLD 及质量分数的计算最终获得样品总的 SLD 值，见表 5-4。

在获得相应的样品数据后，一般会对相应数据进行绝对强度校正，因此，小角中子散射用户一般获得的数据为绝对强度校正后的曲线，然而在进行具体计算时会出现"平坦背景"的现象，即散射强度与散射矢量不服从相关幂律分布。散射强度公式表示为 $I(\boldsymbol{q}) = A / \boldsymbol{q}^4 + B$，经过变形可得如下关系：

$$I(\boldsymbol{q}) \cdot \boldsymbol{q}^4 = A + B\boldsymbol{q}^4 \tag{5-20}$$

式中，B 为常数。作相应的 $I(\boldsymbol{q}) \cdot \boldsymbol{q}^4$ 与 $\boldsymbol{q}^4$ 的散点图，可得斜率 B 即非相干散射背景，以 F39-0 号样品为例，如图 5-6 所示。

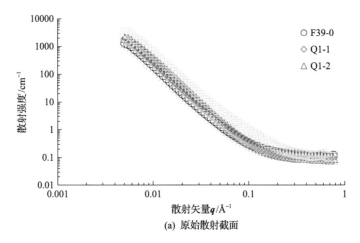

(a) 原始散射截面

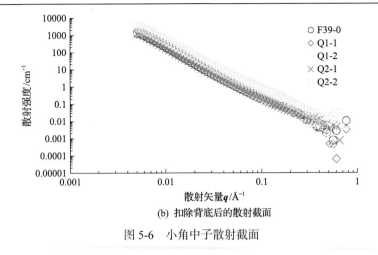

(b) 扣除背底后的散射截面

图 5-6　小角中子散射截面

二、总孔隙度与比表面积的求取

页岩作为一种致密性的岩石，在一般情况下，将其视为连续介质。多孔介质具有两相特征，两相指具有固定电子密度的基质与形状、大小和空间分布随机的孔隙，如果绝对散射强度已知，则可以通过对散射矢量与散射强度积分计算出 Porod 不变量 Q_p，式 (5-21) 中 $\Delta\rho$ 为两相散射长度密度之差：

$$Q_p = 2\pi^2 (\Delta\rho)^2 \phi(1-\phi) \tag{5-21}$$

式中，ϕ 为样品的总孔隙度。

根据绝对散射曲线求取散射体的结构在数学上虽然可行，然而在实验中所能达到的散射角度是有限的，扩展散射矢量的范围具有一定的困难。目前主要应用软件进行相应页岩孔隙的分析，如计算散射长度密度、页岩结构参数及孔径分布等。其中，针对孔隙度求取的公式如式 (5-22) 所示：

$$\phi(1-\phi) = \frac{Q_p}{2\pi^2 (\Delta\rho)^2} \tag{5-22}$$

根据 Porod 定律可得 Porod 常数 K 的定义，因此可以获得求取散射体的比表面积，目前所使用的求取比表面积的公式为

$$S_v = \frac{2\pi\phi(1-\phi)K}{Q_p} \tag{5-23}$$

式中，S_v 为比表面积。

因此，针对上述样品结合相应的公式并利用软件等多种手段对数据进行处

理，最终可得如表 5-5 所示的孔隙结构参数。

表 5-5　页岩孔隙结构参数

样品编号	深度/km	SLD/10^{10}cm^{-2}	Porod 常数	分形维数	孔隙度/%	孔隙密度/(10^{19}/cm^3)	比表面积/(10^6cm^2/cm^3)
Q1-1	2502.3	3.87	3.11	2.89	5.21	2.54	1.03
Q1-2			3.05	2.95	6.19	4.57	1.31
Q2-1	2486.3	4.04	3.03	2.97	5.32	9.76	2.14
Q2-2			3.21	2.79	12.61	10.65	3.29
L07-1	1581.07	3.59	3.62	2.38	12.96	30.12	7.05
L07-2			3.48	2.52	16.67	25.04	6.86
L89-1	1585.89	3.65	3.56	2.44	15.20	27.70	7.89
L89-2			3.30	2.70	24.61	48.39	11.96
L79-1	1588.79	3.67	3.67	2.33	16.14	16.19	2.09
L79-2			3.58	2.42	15.21	35.40	8.25
L67-1	1982.67	3.69	3.04	2.96	9.88	7.40	3.35
L67-2			3.62	2.38	31.30	24.55	6.07
F39-0	3894.42	3.91	3.04	2.96	4.72	4.41	1.33

三、孔径分布的求取

　　假设多孔介质中的孔隙分布随机且为球形，因此，由于多分散球形模型可以用于分析沉积岩的孔隙结构特征，并用于分析确定比表面积、孔径分布函数及孔隙密度、孔隙结构参数等重要的结构参数，将岩石孔隙界面微观结构特征应用于该球形微观结构模型。将页岩孔隙空间分布假定为服从某种分布的大小不一的球状空间展布于页岩基质中，最终利用 Guinner 针对单位体积的多分散球状粒子所产生的散射强度计算被测样品的总孔隙度及孔径分布，具体计算方式如式(5-24)所示：

$$I_{\text{abs}}(\boldsymbol{q}) = \Delta\rho^2 \frac{\phi}{\overline{V_r}} \int_{R_{\min}}^{R_{\max}} V_r^{\,2} f(r) F_{\text{sph}}(\boldsymbol{q}r)\mathrm{d}r \qquad (5\text{-}24)$$

式中，

$$F_{\text{sph}}(\boldsymbol{q}r) = \left[3\frac{\sin(\boldsymbol{q}r) - \boldsymbol{q}r\cos(\boldsymbol{q}r)}{(\boldsymbol{q}r)^3}\right]^2 \qquad (5\text{-}25)$$

式中，$\overline{V_r}$ 为半径为 r 的孔隙空间的平均孔隙体积；$R_{\min}$ 和 $R_{\max}$ 分别为孔隙半径的最小值和最大值；V_r 为体积；F_{sph} 为半径为 r 的球状孔的形状因子；$\Delta\rho$ 为两相散射长度密度之差；$f(r)$ 为孔径分布的函数，孔径分布函数表示如下：

$$f(r) = r^{-(1+D_f)}\Big/\left[\left(r_{min}^{-D_f} - r_{max}^{-D_f}\right)\big/ D_f\right] \tag{5-26}$$

式中，D_f 为分形维数。由此可知，$f(r)$ 与分形维数相关。根据式(5-24)~式(5-26)最终可以得到孔径分布。

多孔介质的比表面积对于页岩等储层岩石而言是一个重要参数，其影响页岩气体的吸附、解吸及石油的储集能力等，对孔隙结构的演化表征起到重要作用。页岩样品的比表面积是大于探针分子半径 r_m 的孔隙空间的表面面积的总和除以样本体积：

$$\frac{S(r_m)}{V} - n_v \int_r^{R_{max}} A_r f(r')\mathrm{d}r \tag{5-27}$$

式中，$A_r = 4\pi r^2$；$S(r_m)$ 为大于 r 的总孔隙表面积；n_v 为单位体积平均孔隙数目：

$$n_v = \phi / \bar{V}_r = I(q \to 0)\Big/\left(\Delta\rho^2 \bar{V}_r^{\,2}\right) \tag{5-28}$$

针对上述对样品孔隙度、孔径分布等参数的计算及数据处理，主要利用 IGOR Pro 软件的 IRENA 插件基于 Porod 定理对散射强度进行了相关计算分析，从而获得相应的样品孔隙结构参数。IGOR Pro 软件主要通过用页岩样品的小角中子散射曲线利用最小二乘法对页岩样品所测得的小角中子散射曲线进行拟合，然后获得页岩样品的孔隙度、孔隙数量密度、比表面积以及孔径分布等，具体计算见图 5-7。

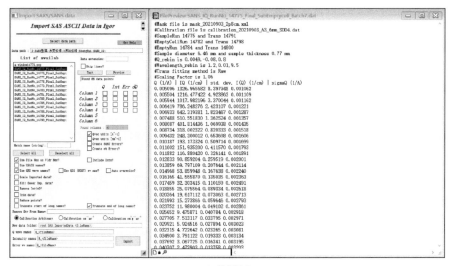

(a) 数据导入

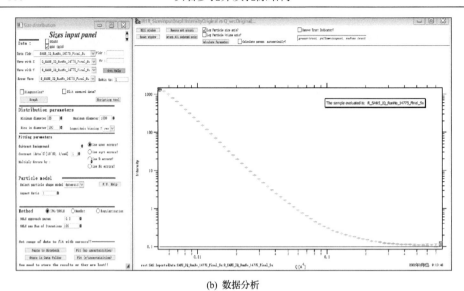

(b) 数据分析

图 5-7　基于 IGOR Pro IRENA 插件的界面

　　最终经过 IRENA 插件的数据处理，获得孔径分布的原始数据，然后对其进行数据处理及分析整理得到最终的孔径分布曲线图。

第五节　实验数据处理与分析

一、二维 SANS 光谱图分析

　　在小角中子散射技术中，一维数据是在对二维校正数据和缩放数据进行径向平均后生成的。从图 5-8 中可以看出，中子束的强度从入射光束的位置开始呈放射状下降趋势。图 5-8 中样品 1、2 分别表示页岩切片的取样方式，1 为平行于页岩层理方向取样；2 为垂直于页岩层理方向取样。

　　由孔隙度相关结果可以明显看出，平行于层理方向取样所获得的页岩样品孔隙度明显大于垂直于层理方向页岩样品。通过小角中子散射二维散射强度图样(图 5-8)，可以明显观察出平行于层理方向页岩样品的散射强度图样呈各向同性，而垂直于层理方向页岩样品的散射强度图样明显呈现各向异性。因此，在小角中子散射实验中，垂直于层理页岩样品所测量的小角中子散射孔隙度大于平行于层理页岩样品所测的孔隙度值。由此可知，在进行小角中子散射页岩样品制片过程中应当对页岩切片取样的方向多加注意，尽量平行于层理方向。

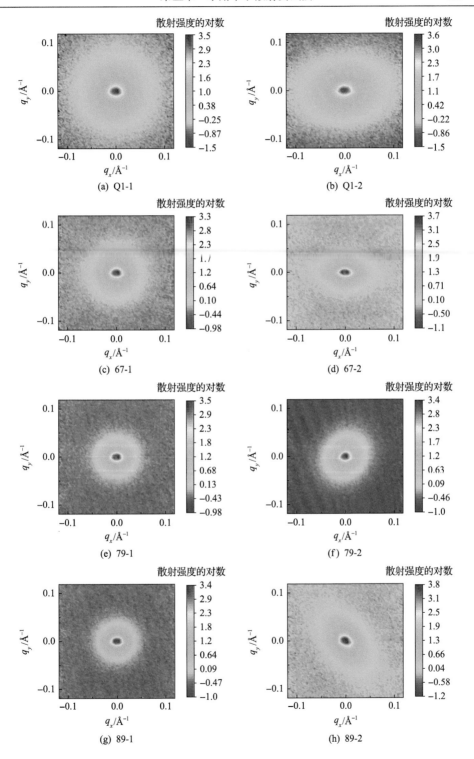

(a) Q1-1

(b) Q1-2

(c) 67-1

(d) 67-2

(e) 79-1

(f) 79-2

(g) 89-1

(h) 89-2

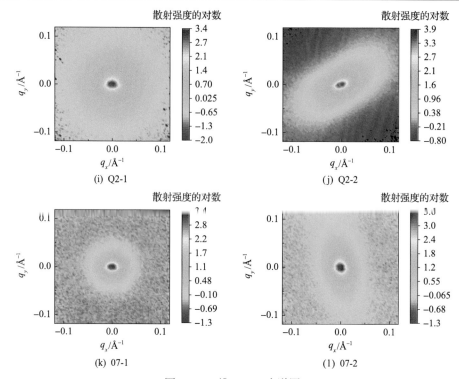

图 5-8　二维 SANS 光谱图

q_x 和 q_y 是散射矢量 $\boldsymbol{q}$ 在 x 轴和 y 轴上的分解量

　　以平行于层理方向取样所得二维光谱图可以看出二维 SANS 光谱图明显更接近于典型的圆形 SANS 数据图像，即各向同性散射图。这一现象可以说明页岩油样品总体上仍旧可以被视为孔隙随机分布的均质物体，同时这一认识也为之后计算页岩油样品的散射长度密度、Porod 常数等研究奠定了良好的理论背景。

二、小角中子散射孔径分布图

　　对于原始的孔径分布数据，常常采用三种不同的表示形式来表达以分析其孔隙结构，分别为增量孔隙体积($\mathrm{d}V$)与孔径、微分孔隙体积($\mathrm{d}V/\mathrm{d}D$)与孔径和对数微分孔隙体积($\mathrm{d}V/\mathrm{dlg}D$)与孔径。

　　$\mathrm{d}V/\mathrm{d}D$ 将放大较小的孔隙范围并抑制较大的孔隙范围，而 $\mathrm{d}V/\mathrm{dlg}D$ 则具有相反的效果。所以在较小孔径范围内，$\mathrm{d}V/\mathrm{d}D$ 曲线能够反映更多的孔隙信息，而在较大的孔径范围内，$\mathrm{d}V/\mathrm{dlg}D$ 曲线则能够反映更多的孔隙信息，且这 3 种表示方法所展示的样品数据峰值并不受孔径分布数据呈现方式的影响。

　　在小角散射测量范围内，F39-0 页岩纳米孔隙发育，微孔所占孔隙体积达到 43.3%。Q1-1、Q2-2 页岩纳米孔隙以微孔及中孔为主，二者所占孔隙体积分别达到 42.89%与 43.15%，宏孔相对较少。在所测纳米孔隙中，页岩 L07-1、L79-1、L89-1、C67-1 以微孔为主，中孔不发育，以 L07-1 号岩心为例，在所测 100nm 的纳米级孔隙中，微孔所占比例为 88.43%（图 5-9）。

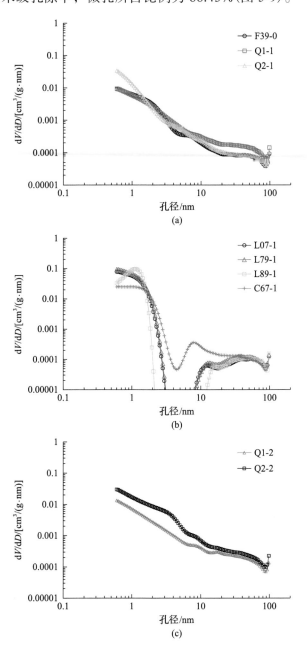

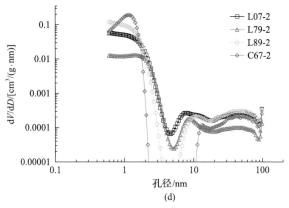

图 5-9　小角中子散射孔径分布图

第六节　基于 SANS-MIP 的全尺度孔径分布测试

一、高压压汞孔径分布测试

本节以小角中子散射技术和高压压汞测试为实验基础，将同一块样品先后分别进行小角中子散射和高压压汞实验测试。其中小角中子散射技术可以得到孔径≤100nm 的微分孔隙体积分布，高压压汞测试可以得到孔径≥3.4nm 的微分孔隙体积分布。

但是考虑到高压压汞法在测试纳米级孔隙时会受进汞饱和度过低的影响，导致测试的纳米级孔隙不全，以及在实验过程中可能会产生次生孔隙导致测试结果不准确，所以最终采用小角中子散射技术测试孔径≤100nm 的微分孔隙体积分布、高压压汞法测试孔径＞100nm 的微分孔隙体积分布，然后将二者拼接，获得全尺度孔径的微分孔隙体积分布，形成一种定量认识页岩储层岩心全尺度孔径分布的研究方法。

本节内容选取吉木萨尔地区芦草沟组页岩样品 8 块，并测量其氦孔隙度、脉冲渗透率等基本物性参数，具体数据统计如表 5-6 所示。所选岩心样品的平均脉冲渗透率为 $0.0213 \times 10^{-3} \mu m^2$，氦气法所测得的平均孔隙度为 9.961%，平均体密度为 $2.348 g/cm^3$。

表 5-6　SANS-MCP 测试中页岩油样品的基础参数

SANS 编号	氦气法孔隙度/%	脉冲渗透率/$10^{-3}\mu m^2$	体密度/(g/cm^3)
6819	14.128	0.0196	2.242
6820	15.355	0.0420	2.205

续表

SANS 编号	氦气法孔隙度/%	脉冲渗透率/$10^{-3}\mu m^2$	体密度/(g/cm^3)
6822	8.603	0.0016	2.379
6856	10.369	0.0001	2.339
6857	11.423	0.1046	2.377
6858	5.983	0.0006	2.418
6859	9.317	0.0014	2.346
6860	4.507	0.0004	2.478
平均	9.961	0.0213	2.348

由图 5-10 所示 8 块页岩样品的进退汞曲线图可知,页岩样品 6819 以及 6820 以"平坦型"为主,进汞曲线变化不大,其他样品进汞后期曲线则较陡。总体上看,在进汞初期,进汞曲线在经历短暂、急剧地上升后变得较为平坦,这一现象表明样品中的大孔喉较多。样品的排驱压力较高,分选系数较低,反映出储层渗透率较低,但分选性较好的特征。

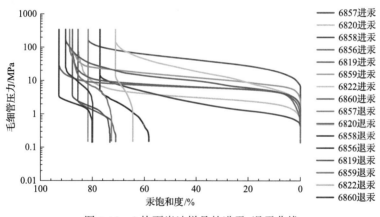

图 5-10　8 块页岩油样品的进汞-退汞曲线

页岩油储层样品的进汞-退汞曲线参数如表 5-7 所示,可以看出各样品的最大进汞饱和度及退汞效率相差不大,样品的孔喉较大,连通性较好,但孔喉配置形态近似为哑铃形,孔喉半径比较大。

表 5-7　页岩油样品的进汞-退汞曲线参数

SANS 编号	排驱压力/MPa	中值压力/MPa	最大进汞饱和度/%	退汞效率/%	分选系数	歪度
6819	2.91	6.57	93.01	13.82	0.039	0.04
6820	2.88	6.87	87.89	16.67	0.045	0.09
6822	5.43	14.41	88.98	18.34	0.057	0.03

续表

SANS 编号	排驱压力/MPa	中值压力/MPa	最大进汞饱和度/%	退汞效率/%	分选系数	歪度
6856	3.94	26.14	92.45	7.62	0.106	0.09
6857	1.24	3.52	85.70	17.19	0.069	0.18
6858	2.88	6.87	87.89	16.67	0.045	0.09
6859	2.91	6.57	93.01	13.82	0.039	0.04
6860	2.98	28.32	71.10	9.42	0.105	−0.01
平均	3.15	12.41	87.5	14.19	0.063	0.07

二、小角中子散射孔径分布测试

将吉木萨尔地区芦草沟组 8 块页岩样品应用上述实验方法导入 IGNOR 软件进行处理最终得到如图 5-11 所示的孔径分布图。

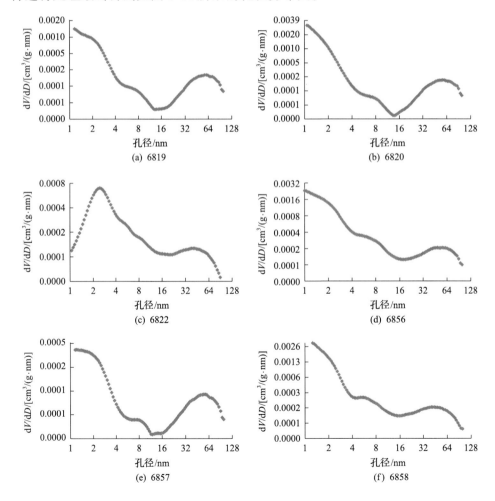

(a) 6819

(b) 6820

(c) 6822

(d) 6856

(e) 6857

(f) 6858

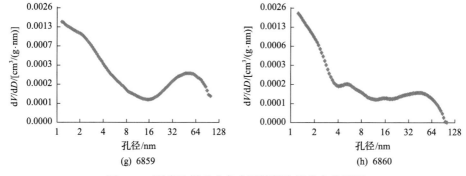

图 5-11　页岩油样品小角中子散射孔径分布曲线图

三、SANS 与 MICP 联合测量全尺度孔径分布

由上述小角中子散射技术得到的孔径分布结果，即可得到吉木萨尔页岩油储层岩心样品基于 SANS-MIP 的全尺度孔径分布表征，其结果如图 5-12 所示。

通过观察图 5-12 可以将页岩油储层样品的孔径分布曲线分为两种类型：6819、6820 和 6857 号样品曲线有连续、明显的波峰和波谷，且在亚微米孔径范围内有非常明显的峰值，将其命名为连续波浪形孔径分布曲线；其余五块样

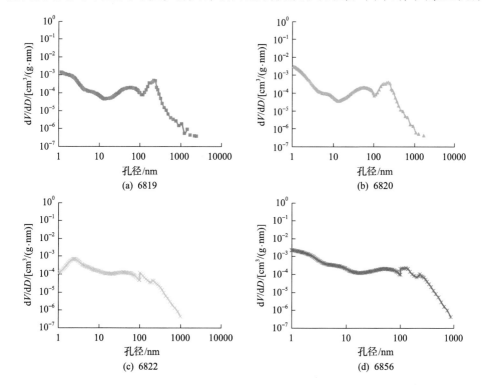

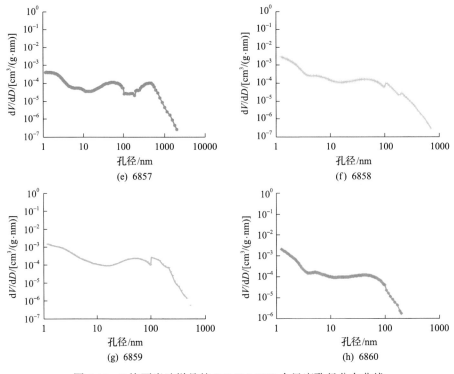

图 5-12　8 块页岩油样品的 SANS-MICP 全尺度孔径分布曲线

品曲线中的数据有切断式跳跃现象，且整体呈递减趋势，将其命名为分段递减型孔径分布曲线。

连续波浪形曲线对应的样品为粉细砂岩类和砂屑云岩类，大多数孔径小于 500nm，而分段递减型曲线对应的样品以粉砂质泥岩、云质泥岩为主，其大多数孔径小于 80nm。属于连续波浪形的三块样品的孔隙度分别为 14.128%、15.355% 和 11.423%，平均值为 13.635%；而属于分段递减型的五块样品的孔隙度分别为 8.603%、10.369%、5.983%、9.317% 和 4.507%，平均值为 6.602%。结果表明连续波浪型孔径分布样品平均孔隙度约为分段递减型孔径分布样品的 2.07 倍，宏孔的孔容更大、平均孔径更大，所以可以确定粉细砂岩和砂屑云岩是页岩油赋存与渗流的主要空间。

四、不同尺度范围孔隙定量分析

根据国际惯例，定义孔径在 0.1～100nm 范围内的孔隙为纳米级孔隙，孔径在 100～1000nm 范围内的孔隙为亚微米级孔隙，孔径大于 1000nm 的孔隙为微米级孔隙。

编号为 6819 和 6820 的样品 SANS-MICP 全尺度孔径分布曲线属于连续波浪形，即样品的总孔隙度主要由亚微米级孔隙贡献，亚微米级孔隙孔容平均为 $59.91mm^3/g$。与此同时，它们的纳米级孔隙孔容平均为 $10.60mm^3/g$，即连续波浪型样品除了具有亚微米尺度的孔隙空间分布大的特征之外，还具有少量微米级孔隙空间。

编号为 6822、6856 和 6858 的样品 SANS-MICP 全尺度孔径分布曲线属于分段递减型，即样品内几乎不存在微米级孔隙，纳米级孔隙孔容平均为 $21.60mm^3/g$，亚微米级孔隙孔容平均为 $16.65mm^3/g$，体现出随着孔隙尺度的增加，相应的孔隙空间呈减小特征。不同尺度级别孔隙的孔容数据被记录在表 5-8 中。

表 5-8　不同尺度级别孔隙的孔容　　　　（单位：mm^3/g）

SANS 编号	纳米级孔隙	亚微米级孔隙	微米级孔隙
6819	10.66	58.72	0.91
6820	10.53	61.09	0.30
6822	28.53	12.43	0.06
6856	25.19	29.71	0.00
6858	11.08	7.81	0.00

如图 5-13 所示，从不同级别孔隙平均占比来看，连续波浪型样品中约 84% 的孔隙空间为亚微米级孔隙贡献，微米级孔隙占比为 1%，纳米级孔隙占比约为 15%。分段递减型样品中约 60% 的孔隙空间为纳米级孔隙贡献，其余约 40% 的孔隙空间为亚微米级孔隙贡献。

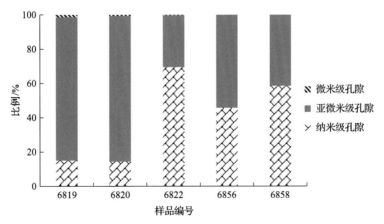

图 5-13　页岩油样品不同尺度级别孔隙所占比例

由小角中子散射所测得的纳米级孔径分布曲线可以看出，其微分孔隙体积值与高压压汞法所测得的亚微米孔隙的微分孔隙体积值在 100nm 的交接处属于同一数量级，且数值上较为接近。而利用气体吸附法（N_2吸附以及 CO_2吸附）进行全尺度拼接则存在较多问题。例如，气体吸附法所要求的测量温度一般为0℃（CO_2）、–196.15℃（N_2），而高压压汞法则是在室温条件下进行，同时二者对样品的要求相差较大，气体吸附法需要将样品研磨至30～100目的颗粒样品，而高压压汞法通常以柱状样品或碎块状为主，因此在进行实验时，只能采用平行样品，从而存在较多问题。

而小角中子散射技术则不存在同样的问题，小角中子散射技术可以在各种温压条件下进行测试，同时其制样与高压压汞法基本相似，由此可知利用高压压汞技术及小角中子散射技术进行全尺度孔径测试具有较高的精度，拼接效果较好。与基于流体侵入法的全尺度孔径分布测试法相比，小角中子散射-高压压汞法全尺度孔径分布测试方法更加适用于页岩油储层样品。

第六章　基于原子力显微镜的孔喉结构分析技术

第一节　原子力显微镜原理

　　原子力显微镜是扫描力显微镜的一种，是一种高分辨率扫描探针显微镜，原子力显微镜作为纳米级材料研究的重要工具，已广泛应用于物理、化学、生物学和材料科学等领域，是微观和纳米尺度下的一种强大的表征工具。与聚焦离子束扫描电镜相比，原子力显微镜具有以下特点：一是样品表面不需要镀金膜，可以保持原生态的样品表面信息；二是既可以显示样品表面的二维图像，也可以直接显示样品表面起伏构造的三维样貌；三是可以直接观测柱塞岩心的端面，无须破坏样品，不影响岩心后续实验，是一种准无损观测方法。因此，原子力显微镜可以作为孔隙结构观测的有力补充，丰富了页岩孔隙结构实验技术。

　　原子力显微镜的工作原理是激光反射悬臂梁或者称为光杠杆的原理：激光经过悬臂梁的背面反射到探测器上，悬臂梁前端的针尖在样品上扫描，随着样品的高低起伏变化带来探测器上信号的变化，并将该信号经过模数转换器转换为电信号实现数据输出得到最终形貌信息或者其他物理量信息。原子力显微镜与扫描隧道显微镜(STM)最大的差别在于并非利用电子隧道效应，而是利用原子之间的范德瓦耳斯力作用来呈现样品的表面特性。假设两个原子中，一个是在悬臂的探针尖端，另一个是在样本的表面，它们之间的作用力会随距离的改变而变化，当原子与原子很接近时，彼此电子云斥力的作用大于原子核与电子云之间的吸引力作用，所以整个合力表现为斥力的作用，反之若两原子分开有一定距离时，其电子云斥力的作用小于彼此原子核与电子云之间的吸引力作用，故整个合力表现为引力的作用。在原子力显微镜的系统中，利用微小探针与待测物之间的交互作用力，来呈现待测物表面的物理特性，原子力显微镜成像原理示意图如图 6-1 所示。所以原子力显微镜也利用斥力与吸引力的方式发展出两种操作模式：一种是利用原子斥力的变化而产生表面轮廓的接触式模式；另一种是利用原子吸引力的变化而产生表面轮廓的非接触式模式。原子力显微镜测试样品的表面三维样貌时，仅需要对表面进行抛光，不需要进行镀膜处理，可以保持原生态的样品表面信息，并且既可以显示样品表面的二维图像，也可以在无须三维重构的情况下直接显示样品表面起伏构造的三维特征。

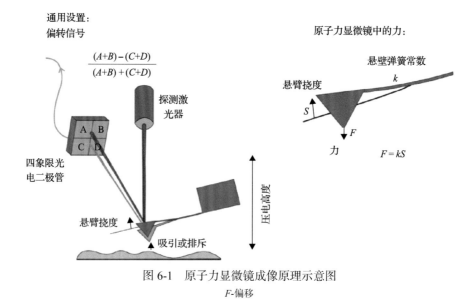

图 6-1　原子力显微镜成像原理示意图

F-偏移

第二节　原子力显微镜模式

一、接触模式

接触模式是原子力显微镜最直接的成像模式,在整个成像过程中,探针尖端始终与样品表面保持着接触状态,并且尖端与样品之间的距离在排斥区域内。该模式可以在各种条件(空气、真空、液体)下快速成像,但在扫描时,悬臂施加在针尖上的力可能会破坏试样的表面结构,其他力(如侧向力和附着力)可能会降低图像的分辨率。

在接触模式下,当悬臂距离样品表面足够近时,Z 压电驱动器使尖端和样品表面接触,在成像模式中选择接触模式后,屏幕将会重新排列并呈现出接触模式成像的控制界面,调整成像参数后即可成像。

在成像不清晰时,可以优化成像参数来调节成像质量,通过观察图像分辨率和图像下方的轨迹线来判断成像质量的好坏。

如图 6-2 所示,该图表示成像过程的轨迹线。蓝色表示探针尖端从左到右移动,红色表示探针尖端从右到左移动。在大多数特征变化相对缓慢的示例中,扫描线和重描线应该重合。在图 6-2 中,两者是完全不同的,这说明成像参数需要调整。

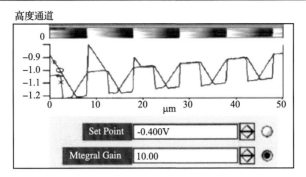

图 6-2　成像轨迹示意图

为了实现良好的成像质量，应最先调整"设定点"和"积分调节增益"。图 6-3 显示了一个成像校准示例。图 6-3（a）显示了在空气中电压约为–0.45V 以及设定值电压为–0.4V 时尖端接触样品时的初始成像情况。图 6-3（b）显示随着"设定点"的增加和"积分调节增益"的轻微增加，成像质量有了很大的提升。

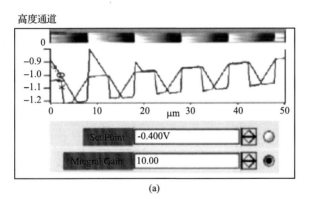

（a）

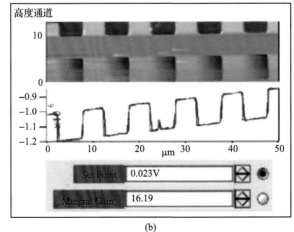

（b）

图 6-3　成像校准示例

另外，需要调整的参数是"扫描速率"和"扫描角度"。因为悬臂末端的尖端形状，所以扫描角度为 90°比 0°更有利于成像。

二、轻敲模式

轻敲模式的成像方式是悬臂在样品表面上方以共振频率振荡，探针针尖仅仅是周期性地短暂地接触样品表面，这就意味着探针针尖接触样品所产生的侧向力明显减小。因此，当测量比较软的样品时，原子力显微镜的轻敲模式是理想的成像模式。

在使用轻敲模式成像之前，需要进行自动寻峰进行频率调节（图 6-4），以保证成像的质量。在成像过程，一般影响成像质量的参数为设定值和驱动振幅，当成像不清晰时，可以尝试将设定值调大，将驱动振幅值调小，这样可以增加扫描线和重描线的曲线重合度，从而提高成像质量。

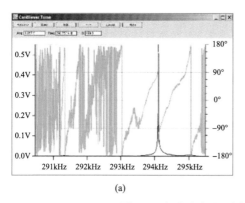
(a)

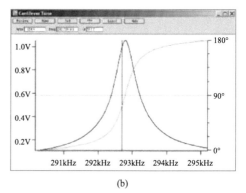
(b)

图 6-4　自动寻峰过程图(a)与自动寻峰最终图(b)

三、单频压电显微镜

单频压电显微镜（PFM）用于表征压电材料的机电响应。通常在接触模式下，导电悬臂梁在样品表面进行扫描。扫描样品表面时，电压传送到尖端。电场在表面引起应变，进而引起悬臂周期性偏转。

下面描述了一种使用悬臂的接触共振去增强小型电压信号的方法。通过选择一个接近接触共振的频率来放大压电信号。图 6-5 显示了驱动频率和产生振幅响应的示意图。使用锁定放大器可以测量振幅和相位。

PFM 悬臂的弹簧常数一般应大于 1N/m。悬臂应具有导电涂层，以提供从弹簧夹到尖端的电接触。如果悬臂掺杂了硅，可能需要划破芯片的氧化层，然后使用一小片银漆确保弹簧夹和芯片之间的电接触。

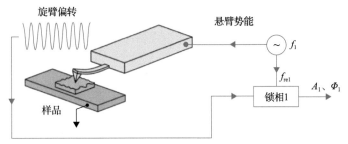

图 6-5 单频 PFM 示意图

f_1-频率；f_{re1}-参考频率；A_1-振幅；Φ_1-相位

PFM 利用悬臂梁共振来增强 PFM 信号。对于大多数的硅悬臂，经验表明接触共振频率通常是空气共振频率的 3～5 倍（表 6-1）。

表 6-1　常见悬臂梁的接触共振频率范围　　　　　　（单位：kHz）

悬壁	建议的调谐接触共振范围/kHz
Olympus AC240Electrilever	200～400
Olympus AC160	900～1100
Nanosensors PPP-NCHR	800～1200

选择 PFM 模式后，放置样品，将悬臂装入悬臂支架；有一根红色的小导线连接在弹簧夹上，弹簧夹末端是一个微型的金磁铁；将"偏转挠度"设置为 –0.5V 左右；检查红色导线是否固定在高压连接器插槽上；当磁头位于样品上方时，磁铁应将导线的末端吸入高压连接槽。

假设使用悬臂梁的型号是 AC240，中心频率设置为 320kHz，扫描宽度为 100kHz。这时应该可以看见一个峰值。如果没有，可以试着扩大扫描宽度并慢慢增加驱动电压。对于 AC240 型，一旦驱动器驱动电压超过 5V，尖端质量可能会开始降低。目标是看到 10～50mV 的接触共振峰值，高于这个值通常会导致反馈稳定性问题，并导致尖端快速退化。在这些样品上，1～3V 的驱动电压将产生合适的峰值；然后开始成像。由于 PPLN 的磁畴通常有许多微米宽，扫描更大尺寸的磁畴有利，同时也需注意，如果以 90°扫描，结果会更具有可重复性。开始成像后，如果一切正常，在与样本中极化区域对应的振幅、相位和频率通道上，应该会看到一些 4～10μm 的周期信号，还可以通过调整驱动电压以优化图像。存在一个常见的问题是加载力太小，如果已经尝试调整驱动电压，但仍然没有看到良好的域对比度，可以尝试增加加载力，这时停止成像，用 PD 旋钮减小偏转，然后在表面上重新调节驱动电压。

四、开尔文扫描探针显微镜

选择开尔文扫描探针显微镜(SKPM)模式后,屏幕将重新排列并呈现 SKPM 模式成像的控制界面。放置样品时,绝缘和半导体样品不需要接地,但金属样品需要接地。不接地会导致电势偏移,从而掩盖针尖和样品之间的表面电势。将探头装入悬臂支架连接至原子力显微镜。调整探针,当探针被电驱动接近样品表面时,可以找到探针的共振频率和相位。通常,这种电驱动相位与用振动压电元件机械驱动的同一探头的相位有很大的不同,这对于正确测定表面电势非常重要。调整探头的位置,并在调节图中显示振幅和相位。共振频率应该非常接近正常调节的频率。确保"探针电压"为 3.0V,并且"驱动振幅"至少有 500mV。Asylum Research(AR)软件将设置适当的阶段,以便反馈回路可以正常工作。在轻敲模式下将尖端"接合"在样品表面,将"Above the Surface"参数设置为 300nm。将"Trigger Channel"设置为 Amp Volts,"Trigger Channel"设置为 800mV。设置完成后,测量力曲线。当力曲线完成时,尖端将位于表面正上方 300nm 的位置。选择 Nap 模式,将"Delta Height"调整为 0nm。如果想获得更好的横向分辨率图像,可以调低该参数。选择"Nap 通道面板"确保"Potential"在"Master Channel Panel"中作为通道启用。启用此功能将在扫描时自动打开潜在反馈回路。在成像时,设置合适的扫描速度和扫描区域大小,通常,在 SKPM 中,扫描速度在 0.25～075Hz 时得到的扫描结果是最好的。

五、静电力显微镜

静电力显微镜(EFM)模式是在针尖和样品之间施加直流偏压时,以其表面上方的共振频率振荡针尖。尖端和样品之间的电场在两者之间产生梯度,从而导致悬臂的共振频率发生偏移。共振的这种变化反过来会导致悬臂梁的驱动和响应之间的相位滞后发生变化。通过监测相移,可以找到针尖下干扰针尖和样品之间电场的区域。该模式最常用于导电和非导电区域混合的样品,当电导率发生显著变化时,EFM 将倾向于显示对比度。

选择 EFM 模式后,放置样品,将样品接地,或者如果是绝缘体,将样品安装在一个良好的接地平面上,如镀金载玻片或金属样品圆盘。虽然 EFM 可以在未接地的样品上进行,但使样品接地通常是更好的。这是因为,如果地平面是平的,并且离尖端更近,那么尖端发出的磁力线的密度就会更高。电场线的扰动会导致电磁场图像的相移。放置导电探针,只要悬臂可以在其共振频率上被驱动，任何导电探针都可以。选择探针的关键因素是探针尖端不能比样品表面大太多或小太多。这是因为当尖端和样本特征处于相同的顺序时，由力梯度的变化而引起的相移将达到最大。如果样品表面粗糙度大于 100nm，那么任何小于这个量的探针都可以，因为信号应该很好。将悬臂调整为 AC 模式图像的正常状态；一旦完成，正确的操作是在 AC 模式下接近和接触表面，并快速拍摄标准 AC 模式图像，以确保尖端已落在样品的一个良好的区域；完成后，可以调整 EFM 的特定设置。为 EFM 设置系统，首先要将 Nap 模式设置为"Nap"或 "sanp"。对于大多数应用程序，Nap 是首选，因为它减少了地形对 EFM 图像的影响。一般来说，如果研究人员计划稍后对数据建模以提取定量结果，则使用 snap 模式。接下来，将高度差(delta height)设置为所需的值。如果自由空气振幅为 100nm，此值的合理起始点为 40nm 或 50nm。如果自由空气振幅更高，这个值应该也会更高。一般在开始扫描时，驱动振幅设置为自由空气扫描时驱动振幅的一半，尖端电压可设置为零。

开始扫描时，首先要确保地形扫描良好，因为 Nap 扫描将依赖于这个 Nap 通道。一旦地形看起来良好，驱动振幅和尖端电压可以进行调整。慢慢增加这两个数值，直到数据开始出现在 Nap 阶段通道中。主扫描和 Nap 扫描期间的振幅可以在偏转仪上实时查看。通过实时观察振幅，可以相当迅速地确定在 Nap 扫描期间针尖是否撞击表面。要做到这一点，需要在 Nap 扫描期间观察振幅。如果 Nap 的振幅下降到零，则在 Nap 扫描过程中，尖端会撞击表面。尝试改善表面跟踪，慢速扫描或者减少 Nap pass 驱动振幅。Nap 扫描时的驱动振幅一般应低于主扫描或表面扫描时的驱动振幅。

六、磁力显微镜

尖端磁矩的方向将影响图像。假设一个带有磁偶极端的悬臂 $\boldsymbol{m} = m_x\hat{x} + m_y\hat{y} + m_z\hat{z}$ (式中 $\boldsymbol{m}$ 为磁偶极矩，m_x、m_y 和 m_z 为磁偶极矩的矢量分量，$\hat{x}$、$\hat{y}$ 和 $\hat{z}$ 为单位矢量)。如果这个偶极子沿 z 轴振荡，振幅很小，作用在尖端上的力梯度 F_z' 为

$$F_z' = m_x \frac{\partial^2 H_x}{\partial z^2} + m_y \frac{\partial^2 H_y}{\partial z^2} + m_z \frac{\partial^2 H_z}{\partial z^2} \tag{6-1}$$

式中，H_x、H_y、H_z 为 x、y、z 方向的磁场强度。

为了使尖端沿悬臂的 z 轴磁化，取一个磁性样品支架(或一个类似的稀土

磁铁)。将磁力显微镜(MFM)探针装入探针支架。调整磁铁的方向,使有圆的一面面对磁头。用一只手握住磁铁,另一只手握住悬臂支架,间隔约 6in(1in=2.54cm)。将磁铁移向悬臂的尖端,直到其中一个圆的面非常接近尖端。将磁铁从尖端移到>6in 的距离。将悬臂加载到悬臂支架上。校准悬臂的弹簧常数(k)时,如果使用的是 MFM 探针,则可以使用 GetReal(TM)来描述探针的特征。对于 MFM 探针,需选择 AC-240-R2。对于其他探头,使用"自定义矩形探头",并输入探头的尺寸和估计谐振频率。在调整悬臂时,需要将探头的振动频率调至共振频率范围内。在设置成像参数时,振幅设定值需要大于样本表面上预期的最大垂直特征值。如果不知道该信息,则可以在扫描开始后调整该参数。MFM 探针的机械弯曲宽度通常在 500~700 像素/s,所以扫描频率通常应该是0.5~0.75Hz。

　　Nap 模式扫描时的驱动振幅应为主驱动振幅的 1/5~1/2。驱动振幅值越大,信号对噪声的影响越大,驱动振幅值越小,横向分辨率越高。根据主驱动振幅和 Nap 驱动振幅,nap 面板上的增量高度应在负值到 0 之间。一般来说,在不撞击表面的情况下,delta height 应尽可能低。在 Nap 扫描过程中,如果探针撞击表面,任何 MFM 数据都会被针尖-样本相互作用所掩盖,Nap 的相位或频率会与主扫描相位通道相似。较小的驱动振幅将使探针在 Nap 扫描过程中更接近样品表面,从而提高横向分辨率。然而,在某一时刻,由于测量中的噪声超过了信号,横向分辨率的提高最终将被相位检测的降低所逆转。同样,在 Nap 扫描期间,可以通过增加驱动器来增加检测到的绝对相位,但这将导致横向分辨率降低。MFM 图像应该清楚地显示与地形和相位无关的磁区。在平面域将显示明亮和黑暗的对比区域。如果相位或地形在 Nap 相位或 Nap 频率图像中清晰可见,很可能是在 Nap 扫描过程中探针撞击了表面。可以在 Nap 扫描期间设置一个反馈回路,使用频率反馈回路(PLL)跟踪共振频率,可以分离信号的相位和振幅响应。振幅的变化主要是由于谐振探头品质因子(Q)的变化,而相位的变化则是由于探头共振的频率偏移,这是由于探头尖端下的磁场梯度的变化。接下来,在 Nap 扫描期间必须打开频率通道。在主频道面板上,选择"频率"作为频道。主通道面板上的"捕获和显示"应该默认设置为"none"。"Nap 主控面板"上的频率"捕获和显示"应设置为"retrace"。成像时,相位数据应该是 PLL 中的错误通道。振幅的变化将反映悬臂 Q 因子的变化,频率数据将表示保持相位通道在 90°或共振所需的驱动频率的调整。

第三节　原子力显微镜微观孔隙结构特征

使用瑞士 Nanosurf AG 公司制造的 Core 型原子力显微镜,该显微镜可进行高精度的粗糙度、台阶高度及微纳米级别三维轮廓等测量,同时可以测量相位、电场、磁场、导电力等其他各种高级物理量。Core 型原子力显微镜获得的样品典型三维形貌图及其伪彩色如图 6-6 所示。

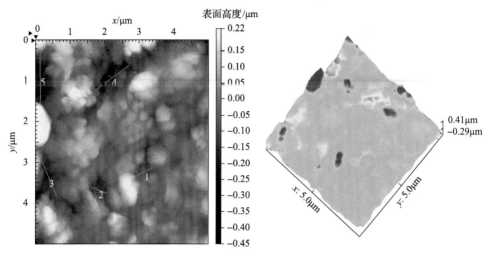

图 6-6　渝西龙马溪组页岩样品的原子力显微镜图像及伪彩色三维图像

图 6-6 中可见样品储集空间丰富,存在大量微米级、纳米级孔隙,颗粒分布密集,空间较深,为气体提供了广阔的赋存空间。Core 型原子力显微镜的分辨率较高,大孔和微孔均可以清晰观测到,存在极多的纳米级孔隙,以及若干微米级孔隙,而且微米级孔隙、纳米级孔隙之间通过较细小的喉道联络成孔隙网络,显示出页岩储层中微、纳米级孔隙良好的连通性,为气体向大孔隙及裂缝中渗流提供通道。图 6-6 中序号 1 至序号 5 的孔隙尺度分别为 510nm、550nm、980nm、1130nm 及 1220nm。通过伪彩色三维图可以看出样品起伏程度较大,样品内部存在大量气体存储空间。微、纳米级孔隙的大量富集,一方面有利于游离气的存储;另一方面,由于该页岩样品表面的复杂性,样品比表面积巨大,为气体的吸附提供了大量空间。

渝西龙马溪组页岩多发育有机质孔,有机质孔主要为有机质热演化过程中内部所生成的孔隙,有机质孔多为圆状、椭圆状及界面状,有机质孔的孔径变化范围变化较大,少数孔隙为微米级,多数孔隙为纳米级。粒内溶孔也比较发育，从图 6-7 中该段的孔隙可以见到少量溶蚀湾状形态的孔隙边缘，且孔隙尺度普遍较大。

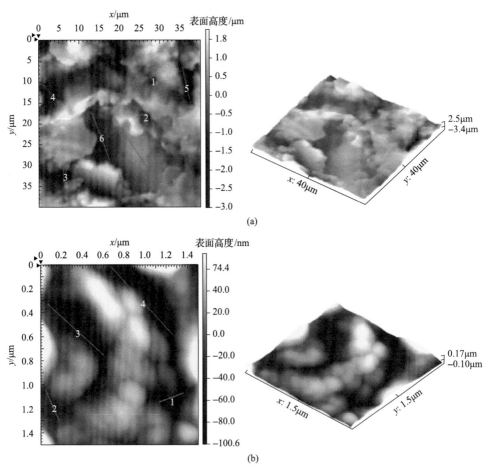

图 6-7　渝西某井页岩原子力显微镜图像

第四节　微观孔隙特征参数计算

将岩石样品由原子力显微镜图像转为灰度图像，并用 MATLAB 软件读取图像数据信息，根据像素点对应的深度数据计算原子力显微镜探针扫过样品任何一行位置的轨迹曲线。样品平面粗糙起伏度 F_s、空间粗糙起伏度 F_i 可以用式(4-35)和式(4-36)表示。

样品表面粗糙起伏度与空间粗糙起伏度呈弱正相关，探针扫过的曲面与岩样包围的体积和探针扫描岩样路程呈正相关，如图 6-8 和图 6-9 所示。

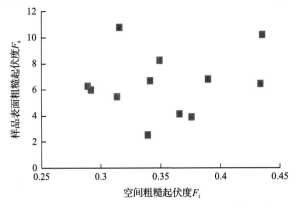

图 6-8 样品表面粗糙起伏度与空间粗糙起伏度关系

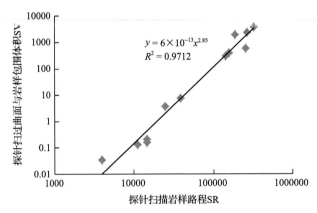

图 6-9 探针扫过曲面与岩样包围体积和扫描岩样路程关系

第五节 力 曲 线

对利用原子力显微镜获得的图像进行力曲线测量，然后可以从力曲线中提取定量的力学性质，包括弹性模量、黏附力、耗散量和变形等。其中，弹性模量表示材料抵抗弹性变形的能力，黏附力表示悬臂梁克服尖端与试样之间黏附相互作用所需要的拉拔力，耗散量记录尖端-表面相互作用所耗散的能量，变形包括弹性和塑性变形。原子力显微镜获得的力-距离曲线如图 6-10 所示。

一、弹性模量

岩石的脆性是影响压裂、诱导裂缝形成、稳定性和均匀封闭性的重要因素。脆性参数通常通过力学试验获得，然后通过计算脆性指数（BI）来反映岩石的刚度。到目前为止，已经提出了很多方法来确定 BI。这些方法中最关键的部分是

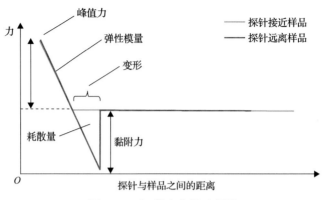

图 6-10　力–距离曲线示意图

求得弹性模量。单轴和三轴压缩试验是评估岩石厘米尺度力学特性的两个主要试验。然而，这些技术具有破坏性，样品或样品面积不能用于重复地球化学反应前后的机械测试。此外，通过单轴或三轴压缩试验直接测量页岩等非均质材料中有机质和矿物的弹性变形是困难的，也不适用，因为它们具有微、纳米尺度的粒度和非均质性。原子力显微镜在进行纳米尺度的弹性模量测试方面具有独特的优势。单个材料弹性模量和样品表面的连续、非破坏性测量可以通过基于原子力显微镜的技术进行。因此，原子力显微镜是测试高非均质性、高颗粒性岩石微观和纳米尺度力学参数最合适的方法。

采用 Derjaguin-Muller-Toporov（DMT）理论拟合力–距离曲线，从而获得原子力显微镜测量的弹性模量：

$$F = \frac{4}{3} E^* \sqrt{R_1 \left(d - d_0{}^3 \right)} + F_{\text{adh}} \tag{6-2}$$

式中，E^* 为缩减后的弹性模量；R_1 为末端半径；$d - d_0$ 为表面在原始位置对应的变形程度；F、F_{adh} 分别为尖端-试样力和黏附力。在给定泊松比的情况下，就可以计算出弹性模量，公式如下：

$$E^* = \left(\frac{1 - v_{\text{s}}{}^2}{E_{\text{s}}} + \frac{1 - v_{\text{tip}}{}^2}{E_{\text{tip}}} \right)^{-1} \tag{6-3}$$

式中，E_{tip} 为针尖的杨氏模量；E_{s} 为样品的杨氏模量；v_{s} 和 v_{tip} 分别为样品和针尖材料的泊松比。

原子力显微镜技术可以在纳米尺度上分别呈现有机和无机组分的不同弹性模量。

二、黏附力

黏附力是材料的固有特性，因此对于均匀表面来说，黏附力通常是稳定的。这也是 AFM 成像过程中可以获得常用参数（图 6-11）。在大多数情况下，黏附力包括范德瓦耳斯力、毛细管力、静电力和化学键力等。如果样品或尖端是亲水的，则会在样品表面形成毛细弯月面，这将导致更高的黏附力。这种力可以指示岩石样品的表面能，通常在孔隙区表现为高值，在基质区表现为低值。

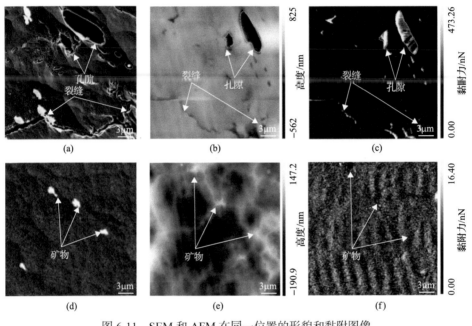

图 6-11　SEM 和 AFM 在同一位置的形貌和黏附图像
(a)、(d) SEM 图像；(b)、(e) AFM 形貌图像；(c)、(f) AFM 黏附力图像

获得黏附力的一种方法是对图像进行力学测试，从而获得力曲线，该曲线可用于分析黏附力与岩石结构之间的关系。在孔隙和裂缝发育的区域，黏附力值较高。对于煤层气和页岩气。地表能会影响气体的吸附量。特别是在页岩中，复杂的纳米孔和裂缝广泛发育，而管壁与油气之间的黏附力在油气释放和运移中发挥了相当大的作用。复杂的表面变化倾向于提供更高的吸附势。通过对黏附力的研究，可以进一步了解页岩和煤表面对甲烷和二氧化碳的吸附机理。

第六节　表面电势

牛津仪器公司的 JupiterXR 型原子力显微镜提供的表面电势测量模式是一

种测定探针与样品表面之间电位差的技术。针尖和样品之间的电位差导致探针机械振荡，然后这些机械振荡被偏置上的反馈回路抵消。在 AFM 软件中，捕获并记录消除振荡所需的电压(即将探针与样品匹配)记录为表面电位通道，如图 6-12 所示。

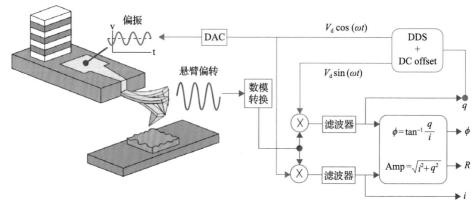

图 6-12　Asylum Research AFMS SKPM 模式原理图

DAC-数模转换；DDS-信号发生器；DC offset-直流偏置；V_d-交流偏置；

q-正弦分量；i-余弦分量；ϕ-相位；Amp-幅度和

　　该技术依赖于施加在针尖上的交流偏压与在悬臂梁上产生的静电力，与针尖和样品之间的电位差成比例。在测试过程中，没有机械诱导驱动，探针的唯一振荡将由外加的交流偏压引起。

　　施加在针尖和样品之间的交流偏压在两者之间产生静电力。如果将其建模为平行板电容器，则两个板之间的静电力 F_e 与施加电位差的平方成正比：

$$F_e = \frac{1}{2}\frac{\partial C}{\partial z}U^2 \tag{6-4}$$

式中，F_e 为两个板之间的静电力，N；C 为平板电容，F；z 为平板间距离，m；U 为探针和样品之间的电位差，V。

　　探针和样品之间的电位差 U 可表示为

$$U = \left(U_{DC} - U_{sp}\right) + U_{ac}\sin\left(\omega t\right) \tag{6-5}$$

式中，U_{ac} 为施加的交流偏置，V；U_{sp} 为试图测量的电位差，V；U_{DC} 为施加的任何直流电压，V；ω 为角速度。

　　将式(6-5)代入式(6-4)，并考虑到正弦和余弦的转换关系，则 F 可表示为

$$F = \frac{1}{2}\frac{\partial C}{\partial z}\left(\begin{array}{l}\left[\left(U_{DC}-U_{sp}\right)^2+\frac{1}{2}V_{ac}^2\right]+2\left[\left(U_{DC}-U_{sp}\right)U_{ac}\sin\left(\omega t\right)\right]\\ -\left[\frac{1}{2}U_{ac}^2\cos\left(2\omega t\right)\right]\end{array}\right) \tag{6-6}$$

在 SKPM 模式下，每个扫描线使用两个单独的过程。JupiterXR 型 AFM 的这种双通道方法称为 Nap 模式。第一通道是用来确定表面形貌，这是一种标准的交流模式扫描。第二通道是在尖端确定表面形貌的基础上，升高一个固定距离，用于测量表面电位。如图 6-13 所示。

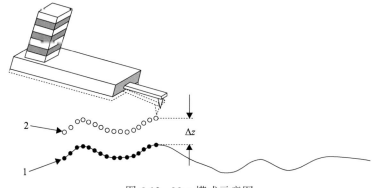

图 6-13　Nap 模式示意图
1-表面形貌；2-针尖；Δz-高度差

将页岩样品制成 10mm×10mm×3mm 片状样品，采用研磨抛光机对柱状样的待扫描面和背面分别进行精磨和抛光，然后采用 3000 目砂纸对待扫描面进行进一步抛光，最后采用氩离子磨粉将样品表面处理得尽可能光滑，使其符合原子力显微镜测试的粗糙度要求。

采用牛津仪器公司的 JupiterXR 型原子力显微镜对页岩油储层样品纳米级孔隙结构进行研究。JupiterXR 型 AFM 的 X/Y 方向的扫描范围可达 100μm×100μm，Z 方向的扫描范围达 12μm，X/Y 方向的传感器噪声＜150pm，Z 方向的传感器噪声＜35pm。采用 KPFM 模式进行扫描成像。

页岩样品表面的形貌分布如图 6-14(a)所示，从中可以看出明显的高低起伏，但是通过三维形貌无法直观分辨出矿物类型。页岩样品表面电势分布如图 6-14(b)所示，浅黄色的团簇状的表面电势较高，在团簇之间有明显的颗粒感，这正是霉球状黄铁矿的特征，团簇中有些颗粒之间被有机质填充，其表面电势要低于黄铁矿。图 6-14(b)中暗紫色的部分则可能是有机质或黏土矿物。

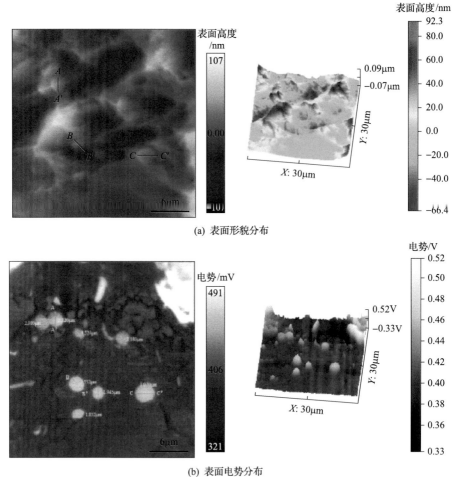

(a) 表面形貌分布

(b) 表面电势分布

图 6-14　AFM 扫描结果

　　牛津仪器公司的 JupiterXR 型原子力显微镜的 KPFM 模式相比于 FIB-SEM 方法，所测样品表面不需要喷金处理，成本低，测试过程对样品无损伤，在得到表面电势分布的同时还可以获取表面形貌。因此，原子力显微镜的 KPFM 模式可以作为研究页岩表面电势的一种新技术。同时，原子力显微镜的导电探针扫描模式有可能在岩石样品的矿物分布和孔隙类型研究领域中有更深入的应用。

第七节　原子力显微镜的应用

　　针对页岩油储层岩性复杂、非均质性强的特点，难以用快速、经济的方法对其进行定量表征。利用原子力显微镜测试技术和开源 Gwyddion 分析软件，对页岩油储层中不同岩性样品的孔隙结构和表面粗糙度进行了研究。利用 AFM 数据对广义页岩油储层中泥岩、粉砂岩和砂屑云岩的表面形貌进行了二维和三维重建，并用平均粗糙度、均方粗糙度、表面倾斜度和峰度系数等参数对表面粗糙度进行了评价。采用分水岭法对不同尺度的孔隙进行了定量识别。通过聚焦离子束电子显微镜图像对测试样品进行了评价，结果表明，与 AFM 结果相比，孔尺度具有较为可靠的一致性。该方法采用操作简便的 AFM 实验和开源软件，可广泛应用于非常规油气藏表面粗糙度和孔隙结构的表征。

一、表面粗糙度

利用纳米分析软件可以对煤中的纳米级孔隙进行识别和定量分析。对所研究煤样在 512×512 扫描点内的 AFM 图像进行了断面分析、方位分析和颗粒分析。可以得到纳米级孔隙的结构参数，包括孔数、孔宽、周长、孔长、孔隙率和孔径的统计分布。此外，在分析样品的表面粗糙度时，有几个代表性的参数。Gwydion 为用户提供了四个评估表面特性的参数：算术平均表面粗糙度(R_a)、均方根粗糙度(R_q)、表面倾斜度(R_{sk})和峰度系数(R_{ku})。

表面粗糙度参数包括算术平均表面粗糙度(R_a)和均方根粗糙度(R_q)。前者被广泛用作描述多孔材料表面粗糙度的参数。它被定义为表面粗糙度一个采样长度上与平均线的平均绝对偏差：

$$R_a = \frac{1}{N_x N_y} \sum_{i=1}^{N_x} \sum_{j=1}^{N_y} \left| z(i,j) - z_{mean} \right| \tag{6-7}$$

$$z_{mean} = \frac{1}{N_x N_y} \sum_{i=1}^{N_x} \sum_{j=1}^{N_y} z(i,j) \tag{6-8}$$

式中，z_{mean} 为平均高度；$z(i,j)$ 为测量点高度；N_x 和 N_y 分别为 x 轴和 y 轴上的点数。均方根粗糙度(R_q)表示表面高度分布的标准偏差，定义为

$$R_q = \sqrt{\frac{1}{N_x N_y} \sum_{i=1}^{N_x} \sum_{j=1}^{N_y} \left(z(i,j) - z_{mean} \right)^2} \tag{6-9}$$

表面倾斜度(R_{sk})反映了样品表面粗糙度的完整性，方程如下：

$$R_{sk} = \frac{\frac{1}{N_x N_y} \sum_{i=1}^{N_x} \sum_{j=1}^{N_y} \left(z(i,j) - z_{mean} \right)^3}{R_q^3} \tag{6-10}$$

峰度系数用来表示试样表面高度分布的波形特征。如果该值为零，则表面高度分布为正态分布。正值表示波形达到峰值，表明试样的表面高度集中在平均值处；负值表示波形是平的，表示试样表面高度平坦，方程为

$$R_{ku} = \frac{\dfrac{1}{N_x N_y} \sum\limits_{i=1}^{N_x} \sum\limits_{j=1}^{N_y} \left(z(i,j) - z_{mean} \right)^4}{R_q^4} - 3 \tag{6-11}$$

二、孔隙定量评价

定量评价前必须对孔隙进行区分和标记。Gwydion 软件的"颗粒"模块用于标记和量化 AFM 图像中的粒子，并使用"反转高度"函数来反转标记孔隙的高度值。边缘检测法、Otsu 法、分割法、阈值法和分水岭法都可以用来标记孔隙分布，其中阈值法和分水岭法是最常用的。

阈值法根据高度、坡度和曲率阈值标记孔隙。这种方法的结果是由孔隙特征决定的。孔隙一般表现为低高度值，其边界伴随着高坡度和高曲率。因此，样品表面高度、斜率和曲率阈值可以用来标记孔隙，这在样品结构表征的应用中得到了广泛的应用。

对于揭示复杂结构，阈值法的选择减少，而分水岭法的应用更为广泛。分水岭法是基于水流到具有局部最小值区域的原理，该区域代表一个平面孔隙，具体过程是：①水滴到样品表面的每个点上；②水流到局部最小值区域。然后根据收敛到局部最小值区域的水量确定的孔径、平面孔隙率、比表面积和孔隙体积来识别孔隙。

三、快速傅里叶变换

图像的频率是表征图像中灰度变化剧烈程度的指标，是灰度在平面上的梯度。快速傅里叶变换(FFT)是将图像从空间域转换到频率域，即将图像的灰度分布函数变换为图像的频率分布函数，其逆变换是将图像从频率域转换到空间域。对图像进行傅里叶变换得到频谱图，就是图像梯度的分布图。虽然频谱图上的各点与图像上各点并不存在一一对应关系，但是傅里叶频谱图上明暗不一的亮点可以反映实际图像中某一点与领域点差异的强弱，即梯度大小，梯度大则点亮，梯度小则点暗。如果频谱图上暗的点数多，那么实际图像比较柔和，对于岩石表面就反映出均质性强、分选较好的特征，反之，如果频谱图中亮的点数多，图像是尖锐的，边界分明且边界两边像素差异大，对于岩石表面就反

映出非均质性强、分选较差的特征。

四、面孔分布特征

借助光学显微镜，观察 500μm×500μm 的大尺度区域，然后扫描每个样品上 50μm×50μm 的区域，再进一步缩小扫描区域，扫描 25μm×25μm、10μm×10μm 及 5μm×5μm 的区域，以定量表征纳米级孔隙。

三维样貌图(图 6-15)直观地显示了样品表面的高低起伏，泥岩的色度范围高于粉砂岩和砂屑云岩，说明泥岩表面存在较大的孔隙。泥岩表面发育大量锥状的黏土矿物，孔隙发育程度较低，由于含有白云岩和粉砂，存在个别大孔，但与之连通的喉道较少，整体上泥岩的连通性较差。粉砂岩以板状孔隙或楔形孔隙为主，孔隙尺度较大，宽度为 1~5μm，长度为 5~20μm，相互之间的连通性较强，表面较为粗糙。砂屑云岩以近圆柱形孔隙或锥形孔隙为主，孔隙尺度较大，孔隙之间由大量喉道连通，表面较为粗糙。

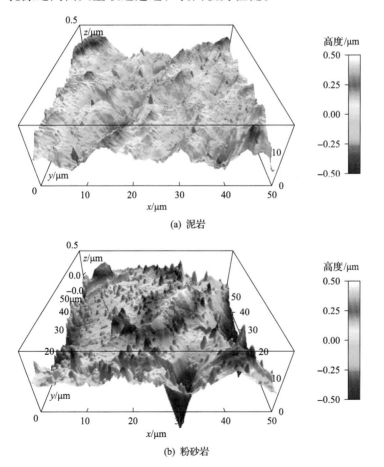

(a) 泥岩

(b) 粉砂岩

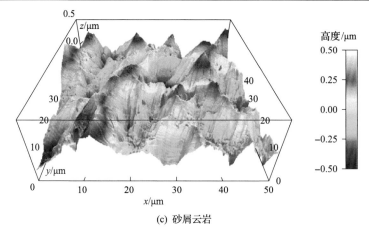

(c) 砂屑云岩

图 6-15 页岩油储层不同岩性样品的三维样貌

图 6-16 中展示了泥岩、粉砂岩和砂屑云岩的表面相图。泥岩锥状明显，孔隙结构复杂，分形维数大，相图上存在大量接近 0° 的条带，说明存在较多的软物质，如黏土矿物或有机质，而粉砂岩和砂屑云岩则几乎没有这么软的物质。粉砂岩呈现出山脊状的起伏状，整体上高低变化幅度较小，孔隙形态多为楔状或平板状，相图的角度值较为均匀，反映出矿物分布较为稳定均质。砂屑云岩发育溶孔，高低变化幅度较大，相图的角度值较为均匀，反映出矿物分布较为稳定均质。

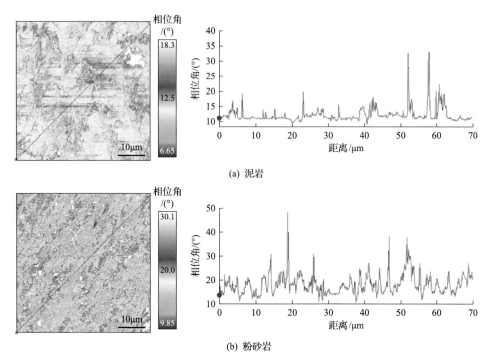

(a) 泥岩

(b) 粉砂岩

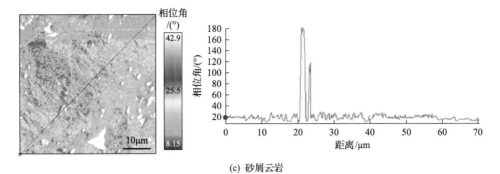

(c) 砂屑云岩

图 6-16　页岩油储层不同岩性样品表面相图

五、非均质性

图 6-17 中左上角的二维 FFT 图中点越亮表示图像灰度梯度越大，点越暗表示图像灰度梯度越小。如果频谱图上暗的点数多，对于岩石表面就反映出非均

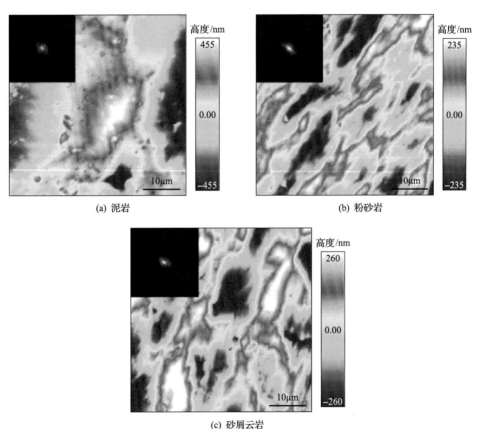

(a) 泥岩　　　　　　　　　　　　　(b) 粉砂岩

(c) 砂屑云岩

图 6-17　表面形貌和二维 FFT 图

质性弱、分选较好的特征，反之，如果频谱图中亮的点数多，对于岩石表面就反映出非均质性强、分选较差的特征。泥岩亮点较少且亮点形成的面积接近圆形，表明页岩较为均质，且视野所在平面上的粒度相对各向异性较弱。粉砂岩和砂屑云岩亮点相对较多，且呈明显的椭圆形，表明非均质性相对较强且视野所在平面上的粒度相对各向异性较强。从平面图中也可以看出，虽然泥岩存在较大尺度的孔隙，但是孔隙较为分散，且很少有喉道与之配位，反映出连通性较差。

图 6-18 提供了图 6-17 所示对角线方向断面的表面形态，表面起伏清晰直观，断面曲线的波谷代表孔隙产状。

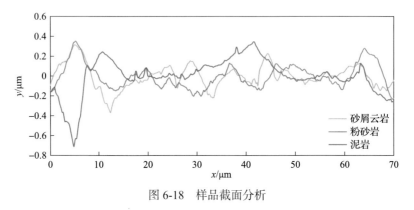

图 6-18　样品截面分析

岩石表面粗糙度反映了孔隙结构的复杂程度，并可以分析孔隙表面对流体的作用力程度，如果岩石孔隙表面越粗糙，孔隙结构越复杂，对其中流体的流动阻力就越大，反映在宏观渗流参数上就是迂曲度越大，渗透率越低。

泥岩、砂屑云岩和粉砂岩三种岩性的 R_a 和 R_q 数值较为接近，其中泥岩的 R_a 和 R_q 最大，砂屑云岩的 R_a 和 R_q 次之，粉砂岩的 R_a 和 R_q 最低（表 6-2）。泥岩样品和砂屑云岩样品的 R_a 和 R_q 大于粉砂岩样品，表明泥岩样品和砂屑云岩样品的表面粗糙度变化程度高于粉砂岩样品。

表 6-2　表面粗糙度统计分析

样品岩性	R_a/nm	R_q/nm	R_{sk}	R_{ku}
泥岩	4.786	6.913	−0.320	7.389
粉砂岩	3.964	5.227	0.053	4.488
砂屑云岩	4.657	6.609	−0.324	8.184

泥岩、砂屑云岩及粉砂岩的黏土矿物含量分别为 16%、13% 及 10%，吉木萨尔页岩油储层岩石的粗糙度与黏土矿物含量成正比。粉砂岩样品的 R_{sk} 为正

值，表示表面波谷多于波峰，而泥岩和砂屑云岩样品的 R_{sk} 为负值，表示表面波谷少于波峰。三个样品的 R_{ku} 介于 $4.488 \sim 8.184$，说明三种岩性样品的孔隙分布较为集中，如表 6-2 所示。

六、孔径分布

阈值法主要是通过设置一定的高度阈值来标记孔隙，低于高度阈值的区域被识别为孔隙。但是，在高于高度阈值的样品表面仍有一些小孔。当阈值增加以包括初始阈值以上的孔时，最初识别的孔变得更大。因此，阈值法的定量孔径比分水岭法大，孔隙数量少。分水岭法中的孔隙量化是基于水流向局部最小的原则。原则上，分水岭法比阈值法更符合实际。因此，本节采用分水岭法进行孔隙分析。

图 6-19 为分水岭法识别的孔隙分布，将孔隙标记为红色。可得到孔数、孔大小分布、孔表面积、孔体积。通过"颗粒统计"和"颗粒分布"函数得到平面孔隙度参数，粉砂岩孔隙数量为 595，砂屑云岩为 452，泥岩为 419。粉砂岩的孔径在 $44 \sim 2500$nm，平均为 1273nm；砂屑云岩的孔径在 $70 \sim 3960$nm，

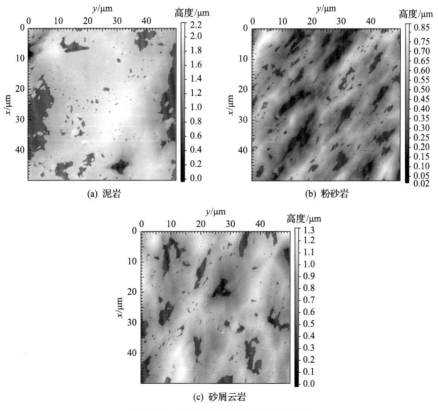

图 6-19　分水岭法识别的孔隙分布

平均为 2017nm（图 6-20）。相比之下，砂屑云岩的孔隙尺寸平均值要大于粉砂岩，但孔隙数量要小于粉砂岩。

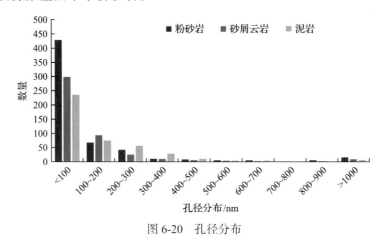

图 6-20　孔径分布

七、弹性模量

从金相显微镜图中可以看到明显的黄铁矿纹层和有机质纹层结构（图 6-21）。有机质纹层以黑色有机质为主，金相显微镜图像相对较暗，有机质纹层中分布有黄铁矿团簇，团簇直径约为几十微米，具有金属光泽，除此之外，在长英质基质中分布有黄铁矿纹层。

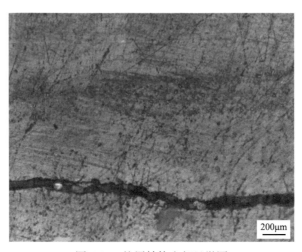

图 6-21　纹层结构金相显微图

表 6-3 展示了不同类型岩矿的扫描区域、孔隙提取、表面形貌和弹性模量分布。表 6-3 中提取的孔隙是采用分水岭法识别得到的，将孔隙标记为红色。

表6-3 不同类型岩矿杨氏模量分布

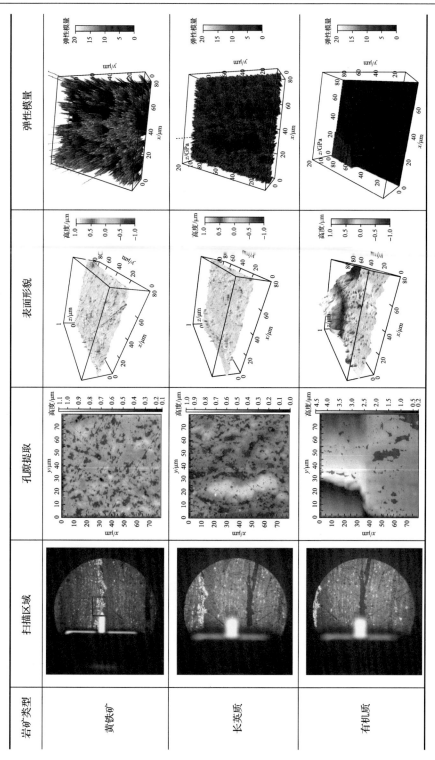

岩矿类型	扫描区域	孔隙提取	表面形貌	弹性模量
黄铁矿				
长英质				
有机质				

从表6-3中扫描区域可以看出黄铁矿纹层和有机质纹层的位置和特征与图6-22具有较好的一致性。黄铁矿的弹性模量较大，通常在15GPa以上，在黄铁矿颗粒间被有机质或泥质填充的部分弹性模量较小，黄铁矿孔隙不发育，在黄铁矿颗粒间被有机质填充部分的孔隙相对较发育，表面形貌较为平坦。长英质颗粒弹性模量在10~18GPa，孔隙发育程度高，连通性好，表明形貌有一定起伏。有机质的弹性模量通常低于5GPa，有机质颗粒和不同岩矿颗粒接触处的粒间孔隙发育，孔隙尺寸较大，形貌起伏较大。

八、原油与储层之间作用力表征

测定原油与储层之间作用力的关键技术是制备原油吸附功能化探针。将原油滴到载玻片上，通过原子力显微镜的光学显微镜观察并将探针移动到原油上方，找到合适大小的油滴，将探针接近油滴，直到将油滴吸附到探针上，抬起探针，并把探针移开原油的原始位置，得到吸附原油的功能化探针，如图6-22所示。具体操作步骤如下：选择未经处理的探针，采用原子力显微镜的AM-FM模式(黏弹性模型)扫描页岩样品表面，获得表现形貌、弹性模量分布图。标记扫描位置，抬起探针，更换原油吸附功能化探针，再将探针移动到标记的位置。利用原油吸附功能化探针测量力-距离曲线，选择原子力显微镜接触模式，通过功能性探针测量原油与测力点位置所在岩性孔隙表面之间的力-距离曲线，获取原油与不同岩性孔隙壁面之间的作用力曲线，可根据力-距离曲线计算黏附力。测量完成后，使用乙醇和纯水冲洗探针针尖，最后再用氮气干燥。

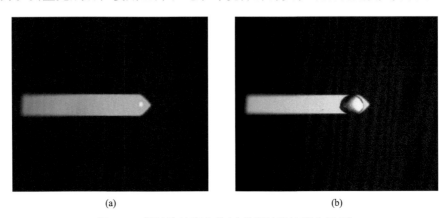

(a)　　　　　　　　　　　　　　　(b)

图6-22　探针沾油滴之前(a)及探针沾油滴之后(b)

图6-23展示了吸附油滴的功能性探针测试力曲线及计算黏附力的过程。在 AB 段中，探针尖端从样品上方某处开始朝向样品表面移动。当尖端接近样

品时，会产生吸引力，继续向下拉悬臂，吸引力在 B 点时最大，这时尖端和样品表面相接触。在 BC 段，尖端会向样品持续增加作用力，直到达到施加的最大作用力，此时探针也达到了最大弯曲程度。在 CD 段，达到峰值力后，尖端会开始朝向远离样品表面的方向移动，其间的力也会逐渐减小，但由于样品表面的黏附力，尖端和样品尚未完全分离，直到到达 D 点时，尖端和样品表面完全分离，此时，可以通过计算 D 点和 E 点之间的垂直距离得到样品的黏附力大小。最后，在 DE 段，探针尖端已经离开了样品表面，但还存在着一些远程作用力作用于尖端和样品之间，随着尖端和样品之间距离的增大，最终这些力消失，即到达 E 点。然后，从获得的力曲线中可以提取样品的力学性质，包括弹性模量、黏附力、能耗和硬度等力学参数。

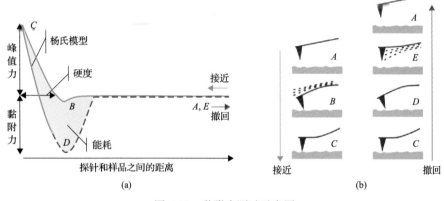

图 6-23　黏附力测试示意图

原油与有机质之间的力-距离曲线记录了修饰油滴的探针靠近、接触有机质表面、再脱离有机质表面的过程，不同样品的原油脱离有机质孔壁的距离有差异，由图 6-24 力-距离曲线计算得到 4 个样品的有机质/原油黏附力分别为 0.108μN、0.096μN、0.048μN、0.043μN。

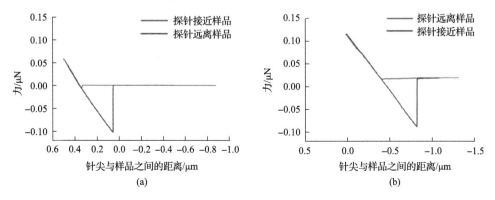

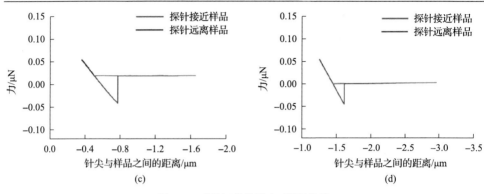

图 6-24　原油/有机质力-距离曲线